高职高专农林牧渔系列"十四五"规划教材

牛羊生产与疾病防治

NIUYANG SHENGCHAN YU JIBING FANGZHI

主　编	霍海龙	刘丽仙	陈红艳	
副主编	赵　筱	张旺宏	杨再波	刘兴能
	隋敏敏	张　霞		
参　编	王红戟	周静媛	王荣琼	王世雄
	范　俐	杨章松	王　瑾	蒋润迪
	浦仕飞	罗林宝	刘绍贵	杨方晓
	程　月	张伟芳	刘锦江	吕念词
	谢琳娟			

苏州大学出版社
Soochow University Press

图书在版编目(CIP)数据

牛羊生产与疾病防治/霍海龙,刘丽仙,陈红艳主编. --苏州:苏州大学出版社,2023.2
高职高专农林牧渔系列"十四五"规划教材
ISBN 978-7-5672-4291-3

Ⅰ.①牛… Ⅱ.①霍… ②刘… ③陈… Ⅲ.①养牛学-高等职业教育-教材②羊-饲养管理-高等职业教育-教材③牛病-防治-高等职业教育-教材④羊病-防治-高等职业教育-教材 Ⅳ.①S823②S826③S858.2

中国国家版本馆CIP数据核字(2023)第022902号

牛羊生产与疾病防治

霍海龙 刘丽仙 陈红艳 主编

责任编辑 曹晓晴

苏州大学出版社出版发行
(地址:苏州市十梓街1号 邮编:215006)
镇江文苑制版印刷有限责任公司印装
(地址:镇江市黄山南路18号润州花园6-1号 邮编:212000)

开本 787 mm×1 092 mm 1/16 印张 12 字数 265 千
2023年2月第1版 2023年2月第1次印刷
ISBN 978-7-5672-4291-3 定价:48.00元

图书若有印装错误,本社负责调换
苏州大学出版社营销部 电话:0512-67481020
苏州大学出版社网址 http://www.sudapress.com
苏州大学出版社邮箱 sdcbs@suda.edu.cn

前 言
FOREWORD

　　畜牧业是国民经济发展的重点行业之一，在目前全球粮食紧缺的情况下，牛羊作为草食动物是实际生产中发展节粮型畜牧业的重要畜种，尤其是近年来，随着奶牛、肉羊养殖业的迅速发展，国家对掌握牛羊生产与疾病防治技术的高素质技能型人才的需求十分迫切。鉴于此，我们组织高职院校高级兽医专业的一线教师，按照教育部《关于全面提高高等职业教育教学质量的若干意见》和《"十四五"职业教育规划教材建设实施方案》的精神，根据畜牧兽医类专业人才培养目标，结合牛羊生产规范化和标准化对高端技能型人才的迫切需求，编写了这本《牛羊生产与疾病防治》教材。

　　本教材基于牛羊生产过程，以"工学结合"教学模式为出发点，以项目模块为基本形式，设计了牛生产、羊生产和牛羊疾病防治专题三个部分。

　　本教材由云南农业职业技术学院牛羊生产与疾病防治课程组编写。编写过程中，力求做到内容设置与岗位实践良好对接，有效引导教师采用项目教学法、角色扮演法、小组讨论法、演示法等教学方法，选择恰当的教学手段，充分利用学校实践教学基地或合作企业资源，科学设计教学场景，实行一体化教学，最大限度地提高教学质量。

　　由于时间仓促，加之编者水平有限，本教材难免存在不足之处，恳请读者和同行批评指正。

编　者
2023 年 1 月

目 录

第一部分 牛生产

项目一 牛的生产筹划 /3

模块一 牛品种的识别 /3
模块二 牛生产性能的评定 /11
模块三 高产奶牛的选择 /25
模块四 牛场的建设与环境控制 /39

项目二 牛常用饲料的开发与利用 /50

模块一 牛的常用饲料 /50
模块二 牛饲料的加工调制 /60
模块三 牛的日粮配合 /72

项目三 牛的饲养管理 /78

模块一 奶牛的饲养管理 /78
模块二 肉牛的饲养管理 /91

第二部分 羊生产

项目一 羊的生产筹划 /105

模块一 羊品种的识别 /105
模块二 羊的日粮配合 /119
模块三 羊场建设 /123
模块四 羊场经营管理 /127

项目二　羊的饲养管理　/129

　　模块一　毛用羊生产　/129
　　模块二　肉用羊生产　/147
　　模块三　奶山羊生产　/152

第三部分　牛羊疾病防治专题　/165

专题一　牛羊场卫生防疫　/167

专题二　牛羊常见疾病防治　/175

第一部分

牛 生 产

项目一
牛的生产筹划

学习目标

1. 了解常见的奶牛品种、国内外肉牛品种及其生理特性
2. 掌握牛生产性能的评定指标
3. 掌握高产奶牛的选择标准
4. 了解牛场的选址要求、建设标准
5. 了解牛场的环境控制需求

模块分解

模块一　牛品种的识别
模块二　牛生产性能的评定
模块三　高产奶牛的选择
模块四　牛场的建设与环境控制

模块一　牛品种的识别

一、奶牛品种的识别

世界上的奶牛品种不多,主要有荷斯坦牛、娟姗牛、更赛牛、爱尔夏牛、瑞士褐牛等。荷斯坦牛是目前数量最多、分布最广的奶牛品种。娟姗牛则以其产奶的高乳脂率著称于世。

（一）荷斯坦牛

荷斯坦牛原产于荷兰北部的北荷兰省和西弗里生省,其后代分布于荷兰全国乃至法国北部及德国的荷斯坦省。美国引入荷斯坦牛后,成立了美国荷斯坦育种协会和美国荷兰弗里生牛登记协会，这两个协会于1885年合并成美国荷斯坦-弗里生协会，荷斯坦-弗里生牛由此得名。其在荷兰和其他欧洲国家被称为弗里生牛。荷斯坦牛因被毛为黑白相间的斑块，故也被称为黑白花牛。

荷斯坦牛的培育历史十分悠久，早在15世纪，荷斯坦牛就以产奶量高而闻名于世。但是，荷斯坦牛的起源已不可考，据对其头骨的研究，人们普遍认为其是欧洲原牛的后裔。

奶牛品种的形成与原产地的自然环境和社会经济条件密切相关。荷兰地势低洼，土壤肥沃，气候温和，全年气温在2 ℃~17 ℃；雨量充沛，年降雨量为550~580 mm；牧草生长茂盛，草地面积大，且沟渠纵横贯穿，形成了天然的放牧栏界，是放牧养奶牛的天然宝地。同时，荷兰曾是欧洲一个重要的海陆交通枢纽，商业发达，其生产的干酪和奶油可随着发达的海路交通输往世界各地。由此，荷斯坦牛及其乳制品出口销量大，也促进了奶牛的选育及品质的提高。

19世纪七八十年代，荷斯坦牛被各国引入，经过长期的培育逐渐适应当地环境条件而且逐渐形成各具特点的荷斯坦牛，有的被冠以本国名称，如美国荷斯坦牛、加拿大荷斯坦牛、中国荷斯坦牛等，有的仍以原产地命名。

目前，最具代表性的是乳用型荷斯坦牛和乳肉兼用型荷斯坦牛。乳用型荷斯坦牛的平均产奶量和最高个体产奶量均为各奶牛品种之冠，美国、加拿大、日本、澳大利亚等国的荷斯坦牛均属于此类。

1. 乳用型荷斯坦牛

（1）外貌特征。

乳用型荷斯坦牛具有典型的乳用型牛的外貌特征：头清秀略长；鬐甲呈楔形平直，肋骨开张；腰角弯曲，腰腹部发育良好；四肢长而强壮，两腿间距窄；乳房大，乳静脉发达；被毛细短，毛色为界线分明的黑白花片。

乳用型荷斯坦牛成年公牛体重900~1 200 kg，平均体高145 cm，平均体长190 cm，平均胸围206 cm，平均管围23 cm；成年母牛体重500~700 kg，平均体高135 cm，平均体长170 cm，平均胸围195 cm，平均管围19 cm；犊牛初生体重38~50 kg。

（2）生产性能。

乳用型荷斯坦牛的泌乳性能为各奶牛品种之冠。母牛平均年产奶量5 000~5 500 kg，优秀的个体可产6 000~10 000 kg，甚至更多。荷斯坦牛乳脂肪球小，乳色发白，乳脂率3.5%~3.8%，平均乳蛋白率3.3%。

（3）品种特征。

乳用型荷斯坦牛成熟较晚，一般在16~18月龄开始配种，6~8.5岁产奶量达到高峰。乳用型荷斯坦牛性情温顺，易于管理，外界的刺激对其产奶量的影响较小，体重和毛色的遗传性稳定，乳房形状好，产奶量高，但乳脂率偏低。

2. 乳肉兼用型荷斯坦牛

乳肉兼用型荷斯坦牛是指以荷兰本土荷斯坦牛为代表的许多欧洲国家的荷斯坦牛。

(1) 外貌特征。

乳肉兼用型荷斯坦牛体格偏小，体躯宽深，略呈矩形，乳房发育良好；鬐甲宽厚，胸宽且深，背腰宽平，尻部方正，发育良好，四肢短而开张，肢势端正。

乳肉兼用型荷斯坦牛体重比乳用型荷斯坦牛小，成年公牛体重 900~1 100 kg，成年母牛体重 550~700 kg，犊牛初生体重 35~45 kg；全身肌肉较乳用型荷斯坦牛丰满，体高较矮，成年母牛平均体高 120 cm，平均体长 150 cm，平均胸围 197 cm。

(2) 生产性能。

乳肉兼用型荷斯坦牛的平均产奶量比乳用型荷斯坦牛低，年产奶量一般为 4 000~5 000 kg；但乳肉兼用型荷斯坦牛的肉用性能较好，500 日龄的公牛平均活重为 556 kg，屠宰率为 62.8%，第 8~9 肋眼肌面积为 60 cm^2。据测定，其肉用性能接近西门塔尔牛的生产水平。乳肉兼用型荷斯坦牛在肉用方面的一个显著特点是肥育期日增重高。

3. 中国荷斯坦牛

中国荷斯坦牛是纯荷斯坦种公牛与本地母牛的高代杂交品种，经 100 多年选育而成，也是我国唯一的奶牛品种，现已遍布全国各地。

(1) 外貌特征。

中国荷斯坦牛毛色同乳用型荷斯坦牛。由于各地用于杂交的本地母牛体格大小不一，所引入的荷斯坦种公牛来源也不一致，再加上培育条件各地有别，因此出现多个品种的中国荷斯坦牛。根据外形不同，可将其分为两类：一类体形小，四肢粗短结实，后躯半宽；另一类体形大，体躯高大，体形开张，棱角分明，体长而脂肪少。随着选育条件的不断改善，在同一地区，牛群正逐渐趋于整齐，各类群间的差异也在逐渐缩小。

(2) 生产性能。

中国荷斯坦牛在一般饲养条件下，通常母牛 305 天产奶量 1 胎 5 000 kg 以上、2 胎 6 000 kg 以上、3 胎以上 6 300 kg 以上，乳脂率 3.4%~3.7%，乳蛋白率 2.8%~3.2%。根据对饲养管理条件良好、基因优秀的 1 胎母牛产奶性能的调查，305 天产奶量为 6 567~9 363 kg，乳脂率为 3.24%~4.38%，乳蛋白率为 2.76%~3.54%。

(3) 品种特征。

中国荷斯坦牛性情温顺，易于驯化，饲料利用率高，产奶量高，但耐粗放性差，抗病力弱。

(二) 娟姗牛

娟姗牛原产于英吉利海峡南端的娟姗岛，是由法国大型红色的布里顿牛和小型黑色的诺曼底牛杂交后，经过选种选配和近亲交配而育成。美国、英国、加拿大、日本等国均有饲养娟姗牛。

1. 外貌特征

娟姗牛体形紧凑，骨细致；额部略凹陷，两眼凸出；角中等大小，呈琥珀色，角尖呈黑色；颈细且长有皱纹，颈垂发达；中躯结合良好，结构匀称，后躯发育好；乳房形态好，乳静脉发达；毛色多为浅褐色，以红褐色次之；鼻镜和舌一般为黑色，口的周围有白圈；成年母牛体重约为 450 kg，成年公牛体重约为 700 kg，公犊牛初生体重约为 28 kg，母犊牛初生体重约为 24 kg。

2. 生产性能

娟姗牛年产奶量 3 000~4 000 kg，乳脂率 5%~7%，乳中干物质含量为各奶牛品种之冠，乳脂肪球大且呈黄色，风味佳，这是该品种牛的一个特色。

3. 品种特征

娟姗牛性成熟早，在 15~18 月龄时开始配种，在 24 月龄时产犊。娟姗牛性情活泼，耐热力强，适合在南方热带、亚热带地区饲养。

二、肉牛品种的识别

目前，世界上丰富的肉牛品种主要分布在欧洲。主要肉牛品种有海福特牛、安格斯牛、利木赞牛、夏洛来牛等。我国优良黄牛品种广泛分布于全国各地，一般分为北方黄牛（蒙古牛、延边牛等）、中原黄牛（晋南牛、秦川牛、鲁西牛等）、南方黄牛（温岭高峰牛、雷琼牛等）三大类型。

（一）国外肉牛品种

1. 海福特牛

（1）产地及分布。

海福特牛原产于英格兰西部的海福特县及毗邻的牛津县，是世界上最古老的中小型早熟肉牛品种，现分布于世界许多国家，美国、加拿大、新西兰较多。我国于 1913 年、1965 年从美国引入，现分布于全国各地。

（2）外貌特征。

海福特牛具有典型的肉用牛体型，分为有角和无角两种。颈粗短，体躯肌肉丰满，呈圆筒状，背腰宽平，臀部宽厚，肌肉发达，四肢短粗，侧望体躯呈矩形。全身被毛，除了头、颈垂、腹下、四肢下部及尾尖为白色外，其余均为红色，皮肤为橙黄色，角为蜡黄色或白色。

（3）生产性能。

海福特牛生长快，早熟，产肉性能高，肉质细嫩，味美，内脏及皮下脂肪较多，肌间脂肪少。7~18 月龄平均日增重为 0.8~1.3 kg；18 月龄公牛活重可达 500 kg 以上，屠宰率一般为 60%~65%。海福特牛耐粗饲，适应性强，适合放牧饲养。

2. 安格斯牛

（1）产地及分布。

安格斯牛原产于英格兰的阿伯丁、安格斯和金卡定地区。我国于1974年引入，分布在北方。

（2）外貌特征。

安格斯牛以被毛黑色和无角为其重要的外貌特征，故亦称无角黑牛。该种牛体格矮壮，结实，头小而方，体躯宽而深；四肢短，且前肢与后肢间距相当宽。该种牛皮肤松软，被毛有光泽且均匀。

（3）生产性能。

安格斯牛早熟，肉用性能良好，出肉率高，肉嫩味美，大理石花纹明显。肥育周岁时体重可达400 kg，屠宰率为60%～65%。该种牛繁殖力强，初生重小，耐粗饲，饲料报酬高，适合放牧饲养。

3. 利木赞牛

（1）产地及分布。

利木赞牛原产于法国中部的利木赞高原，属于大型肉牛品种，世界上许多国家引入该品种作为杂交父系。我国于1974年从法国引入，分布在北方，用以改良黄牛。

（2）外貌特征。

利木赞牛体形高大，头短，额宽，口方，体躯呈长圆桶形；被毛黄棕色，角细色白，蹄壳琥珀色。

（3）生产性能。

利木赞牛生长发育快，早熟，产肉性能高，胴体质量好，眼肌面积大，前后肢肌肉丰满，出肉率高。该种牛适合集约化饲养，10月龄活重可达408 kg，屠宰率一般为63%～71%。该种牛适应性强，但山区放牧性能欠佳，饲料利用率高。

4. 夏洛来牛

（1）产地及分布。

夏洛来牛原产于法国，以体形大、生长快、瘦肉率高、饲料转化率高而闻名。我国于1964年引入，主要分布在北方，作为父系参与杂交繁育或进行纯种繁殖。

（2）外貌特征。

夏洛来牛体大力强，全身毛乳白色或枯草黄色；头小而短宽，角圆且较长，并向前方伸展；胸宽深，背宽肉厚，后臀肌肉很发达。公牛常见有双鬐甲和凹背者。

（3）生产性能。

夏洛来牛生长快，瘦肉产量高。在良好的饲养条件下，6月龄公犊体重可达250 kg、母犊体重可达210 kg。日增重可达1 400 g。产肉性能好，屠宰率一般为60%～70%，胴体瘦肉率为80%～85%。

5. 其他牛品种

（1）比利时蓝牛。

比利时蓝牛原产于比利时，是世界上最强壮的牛种。19世纪在比利时中北部由当地牛与英国的短角牛及法国的夏洛来牛杂交而来，最初作为一个乳肉兼用品种进行培育，1950年利用近交繁育使该品种的一个随机基因突变得以固定在品种内部，从而大大提升了肉用性能。目前被育成纯肉用的专门品种，被美国、加拿大等20多个国家引入。

比利时蓝牛个体高大，肌肉非常发达。被毛为白色，身躯中有蓝色或黑色斑点，色斑大小变化较大。头呈轻型，背部平直，尻微斜，体表肌肉非常醒目，肌束发达，肩、背、腰和后臀部肉块重褶，呈典型的双肌特征，体躯呈长筒状。比利时蓝牛早熟，早期生长速度快，成年公牛平均体重1 200 kg、母牛平均体重725 kg，屠宰率为65%~71%，肌肉比其他牛种多18%~20%。肌肉生长抑制素基因突变不仅使比利时蓝牛肌肉异常发达，而且影响脂肪沉积，使比利时蓝牛脂肪比其他牛种低30%，胆固醇含量低。

（2）日本和牛。

日本和牛是当今世界公认的品质最优秀的良种肉牛，由日本当地牛与引进牛种杂交而来。目前，日本和牛主要有四个品种：黑毛和牛、褐毛和牛、无角和牛和短角和牛，其中黑毛和牛是最主要的品种。

黑毛和牛以黑色为主，乳房和腹壁有白斑，黑毛中可见散发白毛，有角但短小，角色浅、角根白色、角尖黑色、角向上内弯。体形匀称，无肩峰，胸肋开张良好，四肢轮廓清楚，体呈筒状。成年公牛平均体重950 kg、母牛平均体重620 kg，屠宰率为59%~65%。其肉多汁细嫩，肌肉脂肪中饱和脂肪酸含量很低，风味独特，大理石花纹明显，具有典型的"雪花肉"特征，肉用价值极高。

（3）皮埃蒙特牛。

皮埃蒙特牛是意大利古老的牛种，因产自意大利北部的皮埃蒙特地区而得名，属于欧洲原牛与短角型瘤牛的混合型。皮埃蒙特牛原为役用牛，20世纪60年代随着国际市场对牛肉需求量的增加开始进行选育，育种过程中比较重视其产犊难易度、生长速度、背腰的肌肉发达程度等性状。目前，美国、加拿大、巴西等20多个国家引入。

皮埃蒙特牛被毛为白晕色，公牛性成熟后颈部、眼圈和四肢下部为黑色；母牛则为全白，有些个体眼睑为浅灰色，眼睫毛、耳郭为黑色；犊牛至断奶月龄前为乳黄色。角形平出微前弯，角尖黑色。皮埃蒙特牛体形较大，肌肉高度发达，体躯呈圆筒状，产奶量较高，属于乳肉兼用品种。成年公牛体重约800 kg、母牛体重约500 kg，屠宰率约为68%，净肉率达57%，母牛一个泌乳期平均产奶量3 500 kg。同时，皮埃蒙特牛也具有肌肉生长抑制素基因突变的特点，故与比利时蓝牛一样具有瘦肉率高、脂肪和胆固醇含量低等优点。

（4）短角牛。

短角牛原产于英格兰的达勒姆、约克等地，有肉用和乳肉兼用两种类型。乳肉兼用型短角牛由肉用型短角牛选育而成。因此，育成过程的前期均与肉用型短角牛一致。目前在英国，许多乳肉兼用型短角牛为农民所喜爱。从20世纪初至今，该牛种已被许多国家引进供纯种繁育或与当地牛杂交以培育新的品种（群）。我国在21世纪也相继多次引入乳肉兼用型短角牛，饲养在我国的东北、内蒙古、河北等地。

乳肉兼用型短角牛外貌特征与肉用型短角牛相似，头短宽，颈短粗，胸宽且深，肋骨开张良好。鬐甲宽平，腹部呈圆桶形，背腰宽直。尻部方正丰满，四肢短，骨细，肢间距离宽。角细短，由额部向前伸展，角尖向上呈半圆形弯曲，角呈蜡黄色，角尖为黑色。鼻镜为肉红色。毛色多为深红色或酱红色，少数为红白或白色。乳肉兼用型短角牛在外形上的突出特点是乳用特征较为明显，乳房发达，后躯较好，整个体形较大。

乳肉兼用型短角牛的生产性能：产奶量为2 800～3 500 kg，乳脂率为3.5%～4.2%；在美国，产奶量平均为4 632 kg，乳脂率平均为3.53%。成年公牛体重800～1 000 kg，体高142.8 cm；成年母牛体重600～750 kg，体高130.4 cm。

（二）中国黄牛

1. 秦川牛

（1）产地及分布。

秦川牛主要产于陕西省关中地区，以蒲城、大荔、兴平、乾县、礼泉、泾阳、三原、高陵、武功、扶风、岐山等县（区）为主产区。

（2）外貌特征。

秦川牛属于较大型的役肉兼用品种。该牛种体格较高大，骨骼粗壮，肌肉丰满，体质强健；头部方正，肩长而斜；中部宽深，肋长而开张；背腰平直宽长，长短适中，结合良好；荐骨部稍隆起，后躯发育稍差；四肢粗壮结实，两前肢相距较宽，蹄叉紧；毛色为紫红色、红色、黄色三种；鼻镜肉红色约占63.8%，亦有黑色、灰色和黑斑点，约占32.2%；角呈肉色，蹄壳分红、黑和黑红相间三种颜色。

（3）生产性能。

经育肥的18月龄牛的平均屠宰率为58.3%，平均净肉率为50.5%；肉细嫩多汁，大理石花纹明显；泌乳期为7个月，产奶量约为715.8 kg，乳脂率约为4.7%。秦川公牛一般12月龄性成熟，2岁左右开始配种。秦川牛是地方良种，是理想的杂交配套品种。

2. 晋南牛

（1）产地及分布。

晋南牛主要产于山西省西南部汾河下游的晋南盆地，分布于运城地区的万荣、河津、临猗、永济、盐湖、夏县、闻喜、芮城、新绛，以及临汾地区的侯马、曲沃、襄汾等县（市、区）。

(2) 外貌特征。

晋南公牛头中等长，额宽，顺风角，颈较粗且短，垂皮比较发达，前胸宽阔，肩峰不明显，臀端较窄，蹄大而圆、质地致密；晋南母牛头部清秀，乳房发育较差，乳头较细小。晋南牛毛色以枣红色为主，鼻镜粉红色，蹄趾亦多呈粉红色。

(3) 生产性能。

晋南牛成年公牛体重 607 kg 左右，成年母牛体重 339 kg 左右，犊牛初生体重 22.6~24.4 kg。成年育肥屠宰率约为 52.3%，净肉率约为 43.4%。

3. 鲁西牛

(1) 产地及分布。

鲁西牛主要产于山东省西南部的菏泽和济宁两个地区，北至黄河，南至黄河故道，东至运河两岸的三角地带。

(2) 外貌特征。

鲁西牛体躯结构匀称，细致紧凑，为役肉兼用品种。公牛多为平角或龙门角，母牛以龙门角为主，垂皮发达。公牛肩峰高而宽厚，胸深而宽，体躯明显呈前高后低的前升体型。

(3) 生产性能。

18 月龄的阉牛平均屠宰率为 57.2%，净肉率为 49.0%；肌纤维细，肉质良好，脂肪分布均匀，大理石花纹明显；生长发育快，周岁体尺可长到成年的 79%，体重是初生体重的 10.1 倍；个体高大，平均体重 685.18 kg，最大体重 1 040 kg；皮质好，加工后不出"萌眼"；性情温顺，体壮抗病，便于饲养管理。

4. 南阳牛

(1) 产地及分布。

南阳牛主要产于河南省南阳地区的唐河、白河流域，是我国著名的役肉兼用品种。

(2) 外貌特征。

南阳牛体形高大，骨骼粗壮而结实，肩峰发达，背腰宽广，发育匀称，肢势正直，蹄形圆大。公牛头部方正，颈短且厚稍呈弓形，颈侧多有皱褶，肩峰隆起 8~9 cm，前躯发达。母牛头部清秀，颈薄呈水平状，肩峰不明显，后躯发育良好，但深宽不够，尻斜，乳房发育较差。

(3) 生产性能。

南阳牛肌肉丰满，肉质细嫩，颜色鲜红，大理石花纹明显，适口性极好，被中外专家称为"理想肉品"；经过育肥，日增重 0.6~0.9 kg，屠宰率为 53%~65%，净肉率为 43%~57%。南阳牛总产奶量 400~500 kg，乳脂率 4.5%~7.5%。

5. 延边牛

（1）产地及分布。

延边牛主要分布于吉林省延边朝鲜族自治州的延吉、和龙、汪清、珲春及毗邻各县，黑龙江省的宁安、海林、东宁、林口、汤原、桦南、桦川、依兰、勃利、五常、尚志、延寿、通河，辽宁省宽甸满族自治县及沿鸭绿江一带。

（2）外貌特征。

延边牛头部、胸部或腹下有白斑的个体约占25%，眼睑、鼻镜多为淡褐色，部分个体有黑斑。延边牛体躯较大，是黄牛中的较大型牛。

（3）生产性能。

延边牛产肉性能好，易育肥，肉质细嫩，呈大理石纹状。延边牛自18月龄育肥6个月，日增重813 g，胴体重265.8 kg，屠宰率57.7%，净肉率47.2%。

模块二　牛生产性能的评定

一、奶牛生产性能的评定

（一）影响泌乳性能的因素

影响奶牛泌乳性能的因素很多，概括起来有遗传因素、生理因素和环境因素。这些因素主要通过影响产奶量和乳成分来影响奶牛的泌乳性能。

1. 遗传因素

（1）品种。

不同品种牛的产奶量和乳脂率有很大差异，一般乳用牛的产奶量高于肉用牛和役用牛。产奶量较高的品种，其乳脂率相应较低，如荷斯坦牛乳脂率和乳蛋白率最低，而娟姗牛乳脂率就高。特别值得一提的是，我国黄牛虽然产奶量低，但乳脂率在5%以上。

主要乳用牛品种的产奶量和奶成分如表1-1-1所示。

表1-1-1　主要乳用牛品种的产奶量和奶成分

品种	产奶量/kg	乳脂肪/%	非脂固形物/%	乳蛋白质/%	乳糖/%	灰分/%
荷斯坦牛	6 906	3.7	8.5	3.1	4.6	0.73
娟姗牛	4 489	4.9	9.2	3.8	4.7	0.77
爱尔夏牛	5 256	3.9	8.5	3.3	4.6	0.72
瑞士褐牛	5 814	4.0	9.0	3.5	4.8	0.72
更赛牛	4 720	4.6	9.0	3.6	4.8	0.75

(2)个体。

同一品种的不同个体,其产奶量和乳脂率仍有差异。如黑白花牛的产奶量为3 000~12 000 kg,乳脂率为2.6%~6.0%。一般来说,体重大的个体的绝对产奶量比体重小的个体要高。通常情况下,奶牛体重以550~650 kg为宜。

2. 生理因素

(1)年龄与胎次。

年龄与胎次对奶牛产奶量的影响甚大。奶牛产奶量随着年龄与胎次的增加而发生规律性的变化。青年母牛,由于身体还在生长发育,乳腺发育还不充分,因此,1胎产奶量较低,仅相当于成年母牛的70%~80%;而7~8胎以后的老年母牛,随着机体逐渐衰老,产奶量也逐渐下降。10岁以后,由于机体逐渐衰老,产奶量又逐渐下降。但饲养良好、体格健壮的母牛,年龄到13~14岁时,仍然能维持较高的泌乳水平;相反,饲养不良、体质弱的母牛,7~8岁以后,产奶量就开始逐渐下降。中国荷斯坦牛在5~6胎时的产奶量最高(表1-1-2)。

表1-1-2 中国荷斯坦牛不同胎次产奶量变化情况

胎次	产奶量/kg	与最高胎次产奶量的比值/%(最高胎次为100%)
1	3 710	66.6
2	4 410	79.2
3	4 928	88.5
4	5 360	96.3
5	5 568	100.0
6	5 458	98.0
7	5 390	96.8
8	5 284	94.9
9	5 022	90.2

(2)发情与妊娠。

母牛发情期间,由于性激素的作用,产奶量会出现暂时性的下降,下降幅度为10%~12%。在此期间,乳脂率略有上升。母牛妊娠对产奶量的影响明显且持续。妊娠初期,影响极微;从妊娠第5个月开始,由于胎盘分泌动情素和助孕素对泌乳起了抑制作用,产奶量显著下降;到妊娠第8个月,产奶量则会迅速下降,以致干奶。

(3)初次产犊年龄与产犊间隔。

初次产犊年龄不仅影响当次产奶量,而且影响终生产奶量。初次产犊年龄过早,除了影响乳腺组织发育及产奶量外,也不利于牛体健康;相反,初次产犊年龄过晚,则缩短了饲养期间的经济利用期，减少了产犊次数和推迟了经济回收时间，并影响终生产奶量。初次产犊适宜的年龄应根据品种特性和当地饲养条件而定。一般情况下，育成母牛体重达成年母牛的70%时，即可配种。中国荷斯坦牛在合理的饲养条件下，13~16月龄体重达360 kg以上即可进行配种，初次产犊年龄为22~25月龄。

产犊间隔指连续2次产犊之间的间隔天数。最理想的产犊间隔是365天，即每年产奶305天，干奶60天，1年1胎。

（4）泌乳期。

奶牛在泌乳期的产奶量多呈规律性变化。一般母牛分娩后产奶量逐渐上升，低产牛在产后20~30天，高产牛在产后40~50天产奶量达到高峰。高峰期有长有短，一般维持20~60天后，产奶量便开始逐渐下降，下降幅度因母牛的体况、饲养水平、妊娠期、品种及生产性能而异。一般高产牛的产奶量每月下降幅度为4%~6%，低产牛的产奶量每月下降幅度为9%~10%。刚开始产奶量下降速度比较缓慢，但到了妊娠第5个月后，由于胎儿的迅速发育，胎盘激素和黄体激素分泌加强，抑制了脑垂体分泌催乳素，因此产奶量迅速下降。在同一牛群中，虽然环境条件相对一致，但是因个体的遗传素质有差异，所以泌乳曲线也出现三种类型：第一类是高度稳定型，其逐月产奶量的下降速度维持在6%以内，这类个体具有优异的育种价值；第二类是比较平稳型，其逐月产奶量的下降速度为6%~7%，这类个体在牛群中较为常见，全泌乳期产奶量高；第三类是急剧下降型，其逐月产奶量的下降速度在8%以上，这类个体产奶量低，泌乳期短，不宜留作种用。在泌乳期的不同阶段，乳中含脂率也有变化。初乳期内，乳脂率很高，几乎超过常乳的一倍；第2~8周，乳脂率最低；从第3个泌乳月开始，乳脂率又逐渐上升。

总之，在泌乳期，产奶量呈现先低、后高、再逐渐下降的曲线变化（图1-1-1）。同时，奶的质量也呈现相应的变化。在泌乳的高峰期，奶中的干物质、脂肪、蛋白质含量较低，但随着产奶量的下降，奶中的营养成分又逐渐回升，即奶量与奶质有反向变动的趋势。

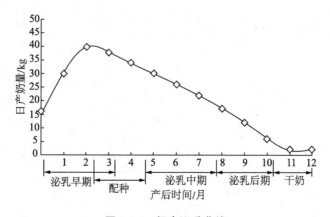

图1-1-1　奶牛泌乳曲线

(5) 干奶期。

奶牛完成一个泌乳期的产奶之后，须干奶一段时间，使乳腺组织获得一定的休息时间，并使母牛体内储备必要的营养物质，为下一个泌乳期做好准备。母牛干奶期一般为50~60天，其长短应根据每头母牛的具体情况而定。5岁以上的母牛，干奶期为40~60天，这样其营养条件能够得到保证，对下一个泌乳期产奶量的影响较小。

3. 环境因素

（1）饲养管理。

根据遗传学研究，产奶量的遗传力为0.25~0.30，即产奶量仅有25%~30%受遗传影响，而有70%~75%受环境影响，特别是受饲料和饲养管理条件的影响。实践证明，在良好的饲养管理条件下，奶牛全年的产奶量可提高20%~60%，甚至更多。在饲养管理中，影响最大的是日粮的营养价值，饲料的种类与品质、贮藏加工，饲喂技术，等等。营养不足，将严重影响奶牛的产奶量，并缩短泌乳期。环境条件也十分重要，炎热、潮湿条件，会破坏奶牛机体的代谢过程，产奶量也会随之大幅度下降。此外，加强运动、充足饮水，均能促进新陈代谢，增强体质，有利于提高奶牛的产奶量。

同时，奶中的成分含量也与饲养管理条件密切相关。如日粮中精饲料多、粗饲料不足，使瘤胃发酵丙酸增加、乙酸减少，导致乳脂率下降；反之，提高粗饲料比例，降低日粮能量水平，将影响乳蛋白率（表1-1-3）。此外，日粮能量较低时，非脂固形物含量也会下降。

表1-1-3 饲料因素对乳脂率和乳蛋白率的影响

因素	乳脂率	乳蛋白率
增加进食量	增加	增加0.2%~0.3%
增加精饲料饲喂次数	增加0.2%~0.3%	可能会轻微增加
日粮能量不足	很少影响	降低0.1%~0.4%
非结构性碳水化合物含量高（>45%）	降低1%或更多	增加0.1%~0.2%
非结构性碳水化合物含量正常（25%~45%）	增加	维持正常水平
高纤维日粮	明显增加	降低0.1%~0.4%
低纤维日粮（中性洗涤纤维<26%）	降低1%或更多	增加0.2%~0.3%
粗饲料切短	降低1%或更多	增加0.2%~0.3%
日粮粗蛋白含量高	无影响	若原日粮蛋白不足，可增加
日粮粗蛋白含量低	无影响	若原日粮蛋白不足，会降低
过瘤胃蛋白占日粮粗蛋白的33%~40%	无影响	若原日粮蛋白不足，可增加
添加脂肪	不一定	降低0.1%~0.2%

(2) 挤奶与乳房按摩。

挤奶是饲养奶牛的一项很重要的技术工作。正确熟练掌握挤奶技术，能充分发挥奶牛的产奶潜力，防止乳腺炎的发生。挤奶技术熟练，适当增加挤奶次数，能提高产奶量。一般一昼夜产奶量在 15 kg 以下的奶牛，可采用 2 次挤奶；一昼夜产奶量在 15 kg 以上的奶牛，特别是高产奶牛，则应采用 3 次挤奶。另外，挤奶前用热水擦洗乳房和按摩乳房，也能提高产奶量和乳脂率。

(3) 产犊季节。

在我国目前条件下，母牛最适宜的产犊季节是冬季和春季，因为母牛分娩后的泌乳盛期恰好处在青绿饲料丰富和气候温和的季节，此时母牛体内催乳素分泌旺盛，又无蚊蝇侵扰，有利于提高产奶量。夏季虽然饲料条件好，但由于气候炎热，母牛食欲不振，影响产奶量。实践证明，在 12 月、1 月、2 月、3 月产犊的母牛全期产奶量较高，在 7 月、8 月产犊的母牛全期产奶量较低。

(4) 外界气温。

荷斯坦牛对气温的适应范围是 0 ℃~20 ℃，最适宜的气温是 10 ℃~16 ℃。外界气温升高到 40.5 ℃时，荷斯坦牛的呼吸频率会加快 5 倍，且停止采食，产奶量显著下降。因此，夏季做好奶牛的防暑降温工作十分重要。相对而言，奶牛怕热不怕冷，冬季只要保证供应足够的青贮饲料和多汁饲料，多喂些蛋白质饲料，产奶量一般不会受到太大影响。

(5) 疾病。

母牛患病时，产奶量会随之下降，尤其是母牛的泌乳器官发生疾病（如乳房炎、乳头受伤）时，产奶量下降更为显著。其他疾病如肺结核、布氏杆菌病、口蹄疫等，均可使产奶量下降。

(二) 奶牛生产性能的测定

1. 产奶量的测定与计算

(1) 测定方法。

最准确的方法是直接称重。然而，绝大多数牛场均采用一种简单方法，每月测 3 天的日产奶量，两次测定间隔 8~11 天，然后用下式估算全月产奶量。

$$全月产奶量(kg) = M_1 \times d_1 + M_2 \times d_2 + M_3 \times d_3$$

式中：M_1、M_2、M_3 为测定日全天产奶量；d_1、d_2、d_3 为两次测定间隔天数。

(2) 个体产奶量的统计指标。

① 305 天产奶量。

305 天产奶量指母牛自产犊后泌乳第 1 天开始到第 305 天为止的总产奶量。不足 305 天的，用实际产奶量；超过 305 天的，超过部分不计算在内。

② 305 天标准奶量。

305 天标准奶量指将泌乳期不足或超过 305 天的母牛的实际产奶量经系数校正以

后的奶量，可根据本品种母牛泌乳的规律拟出校正系数表（表 1-1-4 和表 1-1-5）作为统一的换算标准，从而计算出 305 天标准奶量。

305 天标准奶量＝全泌乳期实际产奶量×校正系数

表 1-1-4　泌乳期不足 305 天的校正系数表

实际泌乳天数	240 天	250 天	260 天	270 天	280 天	290 天	300 天	305 天
1 胎	1.182	1.148	1.116	1.036	1.055	1.031	1.011	1.000
2～5 胎	1.165	1.133	1.103	1.077	1.052	1.031	1.011	1.000
6 胎以上	1.155	1.123	1.094	1.070	1.047	1.025	1.009	1.000

注：用黑白花奶公牛杂交 4 代以下的杂种母牛，不能用此系数校正。使用校正系数时，采用 5 舍 6 进。如母牛产奶 265 天，用 260 天系数校正；如母牛产奶 266 天，则用 270 天系数校正。

表 1-1-5　泌乳期超过 305 天的校正系数表

实际泌乳天数	305 天	310 天	320 天	330 天	340 天	350 天	360 天	370 天
1 胎	1.000	0.987	0.965	0.947	0.924	0.911	0.895	0.881
2～5 胎	1.000	0.988	0.970	0.952	0.936	0.925	0.911	0.904
6 胎以上	1.000	0.988	0.970	0.956	0.940	0.928	0.916	0.913

③ 全泌乳期实际产奶量。

全泌乳期实际产奶量指母牛自产犊后泌乳第 1 天开始到干奶为止的累计奶量。

④ 年度产奶量。

年度产奶量指本年度 1 月 1 日开始到 12 月 31 日为止的全年产奶量（包括干奶阶段）。

⑤ 终生产奶量。

终生产奶量由母牛各个胎次的产奶量相加得到。各个胎次产奶量应以全泌乳期实际产奶量为准。

（3）群体产奶量的统计方法。

为了衡量牛群的管理水平，计算牛群的饲料转换率、产奶成本，通常计算全群成母牛（应产牛）和泌乳母牛（实产牛）的全年平均产奶量。其计算公式如下：

成母牛全年平均产奶量(kg)＝全群全年总产奶量/全年平均饲养成母牛头数

泌乳母牛全年平均产奶量(kg)＝全群全年总产奶量/全年平均饲养泌乳母牛头数

式中：全群全年总产奶量是从每年 1 月 1 日开始到 12 月 31 日为止的全群牛总产奶量；全年平均饲养成母牛头数指全年每天饲养成母牛头数（包括泌乳母牛、干奶母牛、不孕母牛、转入和转出或死亡的成母牛）的总和除以 365 天；全年平均饲养泌乳母牛头数指全年每天饲养泌乳母牛头数的总和除以 365 天。

2. 乳脂率的测定与计算

常规的乳脂率测定方法，是在全泌乳期的10个泌乳月内，每月测定1次，将测得的数值分别乘以各月的实际产奶量，然后将所得乘积累加，再除以总产奶量，即得平均乳脂率，用百分比表示。其计算公式如下：

$$平均乳脂率 = \sum (F \times M) / \sum M$$

式中：F 为每次测得的乳脂率；M 为该次取样期的产奶量。

中国畜牧业协会牛业分会提出用"二次测定方法"来计算平均乳脂率。即在第2、5、8个泌乳月内各测定1次乳脂率，然后求取平均值。

3. 4%乳脂校正乳的计算

不同个体所产的奶，其乳脂率高低不一。为了便于比较不同奶牛的产奶量，通常将不同乳脂含量的奶校正到乳脂含量为4%的标准状态，校正后乳脂含量为4%的奶叫4%乳脂校正乳（FCM）。其计算公式如下：

$$FCM = M \times (0.4 + 15F)$$

式中：FCM 为4%乳脂校正乳量；M 为泌乳期的产奶量；F 为该期所测得的平均乳脂率。

4. 排乳性能测定

（1）排乳速度。

排乳速度指单位时间内排出的奶量，以0.5分钟或1分钟排出的奶量为准。排乳速度是近30年评定奶牛生产性能的重要指标之一。排乳速度快的奶牛，有利于在挤奶厅集中挤奶。国外对不同品种的母牛规定了排乳速度指标，如美国荷斯坦牛排乳速度为3.61 kg/min。据估计，排乳速度的遗传力为0.5~0.6，但与挤奶条件有很大关系。其测定方法很简单，用悬挂在三脚架上的弹簧秤直接称量，一般可结合产奶记录进行测定。

（2）前乳房指数。

前乳房指数指一头牛的前乳房挤奶量占总挤奶量的百分比。测定方法是用有4个奶罐的挤奶机进行测定，4个乳区的奶分别流入4个奶罐内，通过自动记录的秤或罐上的容量刻度，可测得每个乳区的奶量，计算2个前乳区即前乳房的产奶量占全部产奶量的百分比，即为前乳房指数。优良奶牛品种的前乳房指数一般在45%以上。

$$前乳房指数 = 前乳房挤奶量 / 总挤奶量 \times 100\%$$

（三）奶牛生产性能的等级评定

奶牛生产性能的等级是根据本品种育种目标所制定的等级标准进行评定的。一般成年母牛个体生产性能的等级是根据它最近一个泌乳期的产奶量及乳脂率进行评定的，规定在1、3、5胎各评定一次，1胎母牛以该泌乳期的产奶量为依据，3、5胎母牛以各胎次中最高产奶量为依据。

对于 1 胎母牛，评定时如果尚未完成全泌乳期，只要已经产奶 5 个月以上，便可采用乘以不同系数的方法推算出全泌乳期产奶量。

全泌乳期产奶量＝5 个月的实际产奶量×1.6

全泌乳期产奶量＝6 个月的实际产奶量×1.3

全泌乳期产奶量＝7 个月的实际产奶量×1.2

全泌乳期产奶量＝8 个月的实际产奶量×1.1

全泌乳期产奶量＝9 个月的实际产奶量×1.1

这种估算方法对尽早进行乳用种公牛后裔测定、比较母牛产奶遗传性能等都有很大的好处。下面分别介绍我国北方地区和南方地区黑白花奶牛生产性能的评定标准（表 1-1-6 和表 1-1-7），以供参考。

表 1-1-6　我国北方地区黑白花奶牛生产性能评定标准　　　　　　　　单位：kg

等级	1 胎		3 胎				5 胎				乳脂率
	产奶量	乳脂量	产奶量	乳脂量	累加产奶量	累加乳脂量	产奶量	乳脂量	累加产奶量	累加乳脂量	
特等	5 000	185	6 000	222	16 500	610	7 000	250	30 000	1 100	3.6%
一等	4 000	148	5 000	185	13 500	500	6 000	222	25 000	925	3.6%
二等	3 000	111	4 000	148	10 500	388	5 000	185	20 000	740	3.6%
三等	2 500	93	3 500	111	9 000	333	4 000	148	16 500	610	3.6%

说明：

① 凡产奶量、乳脂量、乳脂率 3 项中 2 项达到上述标准，即可列入该等级。

② 凡乳脂率低于 3.6% 的，不能评为特等；低于 3.4% 的，不能评为一等；低于 3.2% 的，不能评为二等；低于 3% 的，不能列入等级。

③ 5 胎以上，累加产奶量达到 50 000 kg 或累加乳脂量达到 1 850 kg，按原等级提高一级。

表 1-1-7　我国南方地区黑白花奶牛生产性能评定标准　　　　　　　　单位：kg

等级	1 胎 305 天产奶量	3 胎以上 305 天产奶量
特等	6 000	7 500
一等	4 800	6 000
二等	3 500	4 500
三等	<3 500	<4 500

说明：

① 乳脂率超过 4% 的，提高一级；低于 3.2% 的，降低一级。

② 累加产奶量的平均胎次产量超过 1 胎指标时，可列入该等级。

二、肉牛生产性能的评定

(一) 肉牛的外貌特征

1. 整体外貌特征

体躯低垂，皮薄骨粗，全身肌肉丰满，疏松而匀称，体形呈"矩形"。

(1) 前望：头短额阔，面宽，角细；胸宽而深，鬐甲平广；肋骨十分弯曲，构成"矩形"。

(2) 侧望：颈短而宽，胸、尻深厚，前胸突出，股后平直构成"矩形"。

(3) 上望：鬐甲宽厚，背腰和尻部广阔，构成"矩形"。

(4) 后望：尻部平宽，两腿深厚，构成"矩形"。

肉牛前后躯较长而中躯较短，显得全身粗短紧凑，皮薄而软，皮下脂肪厚，被毛细密而富有光泽，尤其是早熟的肉牛，其背、腰、尻、大腿等部位的肌肉中夹有丰富的脂肪而形成大理石花纹。被毛细密而富有光泽，呈现卷曲状态的，是优良肉牛的特征。

2. 局部外貌特征

与产肉性能密切相关的有鬐甲、背腰、前胸、尻等部位，其中尤以尻部最为重要，它是生产优质肉的主要部位。

鬐甲要求宽厚多肉，与背腰在一条直线上。前胸饱满，突出于两前肢之间。垂肉细软而不甚发达。肋骨比较直立而弯曲度大，肋间隙亦较窄。两肩与胸部结合良好，无凹陷痕迹，显得十分丰满多肉。

背腰要求宽广，与鬐甲及尾根在一条直线上，显得十分平坦而多肉。沿背脊两侧和背腰肌肉非常发达，常形成"复腰"。腰短欣小，腰线平直、宽广而丰圆，整个中躯呈现一粗短圆筒形状。

尻部应宽、长、平、直而富有肌肉，忌尖尻和斜尻。两腿宽而深厚，显得十分丰满。腰角丰圆，不可突出。坐骨端距离宽，厚实多肉；连接腰角、坐骨端宽与正节三点，要构成丰满多肉的三角形。

(二) 肉牛的鉴定

1. 肉眼鉴定

这是用眼睛观察牛的外貌，并借助于手的触摸对牛各个部位和整个牛体进行鉴定的方法。

(1) 被鉴定的牛自然地站在宽广而平坦的场地上，鉴定人员站在距牛 5~8 m 的地方。

(2) 首先进行一般观察，对整个牛体环视一周，掌握牛体各部位发育是否匀称。

(3) 然后站在牛的前面、侧面和后面分别进行观察。从前面观察头部的结构、胸和背腰的宽度、肋骨的扩张程度、前肢的肢势等；从侧面观察胸部的深度，整个体形，肩及尻部的倾斜度，颈、背、腰、尻等部位的长度，乳房的发育情况，以及各部位是否匀称；从后面观察体躯的容量和尻部发育情况。

（4）肉眼观察完毕，再用手触摸，了解皮肤、皮下组织、肌肉、骨骼、毛、角、乳房等的发育情况。

（5）最后让牛自由行走，观察四肢的动作、肢势和步样。

2. 测量鉴别

（1）体尺测量。

体尺测量用于确定牛的生长发育情况，以便及时提出正确的饲养管理方案，保证其正常生长发育。测量体尺时，应令被测量的牛端正地站在平坦的场地上，四肢的位置必须垂直、端正，左右两侧的前后肢均须在一直线上；从牛的侧面看时，前后肢站立的姿势也须在一直线上。头应自然前伸，既不左右偏，也不高昂或下俯，后头骨与鬐甲近似水平。只有这样的姿势才能得到比较准确的体尺数值。

体尺测量所用的仪器有以下几种：测杖、卷尺、圆形测定器、测角（度）计。

测量部位的数目，依测量目的而定。例如，估测牛的活重时，只测体斜长和胸围2项即可。为了检查牛在生产条件下的生长情况，测量部位可为6个（鬐甲高、体斜长、坐骨端宽、腰角宽、管围、胸围）到8个（鬐甲高、尻高、体斜长、胸围、管围、胸宽、胸深、腰角宽）。而在研究牛的生长规律时，测量部位可增加到13~15个，即除了上述8项外，再加上头长、最大额宽、背高、十字部高、尻长、髋股关节宽、坐骨端宽7项。在育种记录中，测量部位有14个（图1-1-2）。

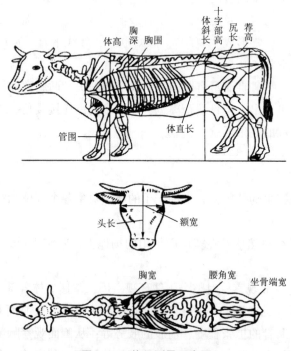

图 1-1-2 体尺测量示意图

① 头长：从头顶（角间线）至鼻镜上缘的距离，以 cm 为单位。
② 额宽：两眼眶间的最远点距离。
③ 体高：从鬐甲最高点到地面的垂直距离。
④ 荐高：荐骨最高点到地面的垂直距离。
⑤ 十字部高：两腰角连线中点到地面的垂直距离，亦称腰高。
⑥ 体斜长：肩端前缘至坐骨结节后缘的距离，简称体长。用卷尺或测杖量取，但须注明所用量具。估测体重时需要用软尺紧贴皮肤量取。
⑦ 体直长：肩端前缘向下引垂线与坐骨结节后缘向下引垂线之间的水平距离。
⑧ 胸深：肩胛软骨后缘处从鬐甲上端到胸骨下缘的垂直距离。
⑨ 胸宽：在两侧肩胛软骨后缘处量取最宽处的水平距离。
⑩ 腰角宽：两腰角外缘之间的水平距离。
⑪ 坐骨端宽（坐骨结节宽）：两侧坐骨结节外缘之间的水平距离。
⑫ 尻长：腰角前缘至坐骨结节后缘之间的直线距离。
⑬ 胸围：肩胛骨后缘处体躯垂直周径。松紧度以能放进两个指头上下滑动为宜。
⑭ 管围：前肢掌骨上 1/3 处的水平周径（最细处）。

（2）计算主要体尺指数。

按体尺指数计算方法，主要计算体长指数、胸围指数、体躯指数、尻宽指数、管围指数、肉骨指数六项指数。将计算结果填入体尺指数统计表。

① 体长指数：体斜长与体高之比，反映体长和体高的相对发育程度。乳用牛的体长指数比肉用牛大。
② 胸围指数：胸围与体高之比，反映前躯容量的相对发育程度，为役用牛的重要指标。
③ 体躯指数：胸围与体斜长之比，反映躯体容量的相对发育程度。乳用牛和肉用牛该指数均较小。
④ 尻宽指数：坐骨端宽与腰角宽之比，反映尻部的相对发育程度，是鉴定母牛的重要指标。乳用牛的尻宽指数越大，表明泌乳系统越发达。尻宽指数大于 67% 时为宽尻，小于 50% 时为尖尻。
⑤ 管围指数：管围与体高之比，反映骨骼的相对发育程度，为役用牛的重要指标。
⑥ 肉骨指数：腿围与体高之比，反映后躯肌肉的相对发育程度，为肉用牛的重要指标。

（3）活重测定。

体重是衡量发育程度的重要指标，也是选择的依据之一，对种公牛、育成牛和犊牛尤为重要。母牛的体重应以泌乳高峰期的测定为依据，并应扣除胎儿的重量。

直接称重法：最准确的体重测定方法。称重要求在早晨饲喂前挤奶后进行，连称

3天，取平均数。同时要求称量迅速准确，做好记录。

公式估测法：缺乏直接测量条件时，可利用测量的体尺数据进行估算，并做好记录。常用的估测公式如下：

$$肉用牛体重(kg) = [胸围(m)]^2 \times 体直长(m) \times 100$$

3. 外貌评分鉴定

外貌评分鉴定是指鉴定人员根据不同生产类型牛的外貌要求，按照各部位与生产性能和健康程度的关系，分别定出各部位的最高得分和评分标准，通过观察、触摸或测量对牛体各部位分别给予一定的分数，然后综合各部位的得分，按等级评定标准，确定牛的外貌等级。

鉴定人员依据肉眼观察，辅以触摸和必要的测量，按照外貌鉴定评分表（表1-1-8），对牛体各部位的优缺点进行一一衡量，分别给以一定的分数，然后将各部位的得分加总。求出总分后，再根据外貌等级评定表（表1-1-9）来确定其外貌等级。

鉴定应在平坦、宽阔、光线充足处进行。鉴定人员与牛保持约3倍于牛体长度的距离。其顺序：先从牛的前方观察，再走向牛的右侧，然后转向后方，最后到左侧鉴定。鉴定时主要观察牛的体型是否与选育方向相符，体质是否结实，各部位发育是否正常匀称，整体各部位是否协调，品种特征是否明显，蹄质是否强健。全部观察后，令牛走动，看其步态是否正常灵活，然后走近牛体对各部位进行详细的审查，最后评定优劣。

成年母牛在1胎、3胎产后2~3个月进行外貌鉴定，成年公牛在3~5岁进行外貌鉴定。肉用犊牛、育成牛分别在断奶及18月龄进行外貌等级评定（表1-1-10）。

表1-1-8 肉牛外貌鉴定评分表 单位：分

部位	鉴定要求	肉用 公牛	肉用 母牛	乳肉兼用 公牛	乳肉兼用 母牛
整体	品种特征明显，体尺达到要求，体质结实；乳肉兼用母牛的乳用性状及肉牛的肉用体型明显；各类牛的肌肉丰满，毛色合乎品种要求，皮肤柔软有力；公牛有雄相，睾丸发育正常，精液品质好	30	25	30	25
前躯	胸深宽，前胸突出，肩胛宽平，肌肉丰满	15	10	15	10
中躯	肋骨开张；背腰宽而平直，中躯呈圆桶形，乳肉兼用牛腹较大；公牛腹部不下垂	10	15	10	15
后躯	尻部长、平、宽，大腿肌肉突出、延伸	25	20	25	20
乳房	肉用母牛乳房不要过小，乳肉兼用母牛乳房大，向后延伸，乳头分布合适，长短、粗细适中，乳静脉粗、弯曲、分支多、乳井大	—	10	—	15
肢蹄	四肢端正，两肢间距宽，蹄形正，蹄质坚实，运步正常	20	20	20	15
合计		100	100	100	100

注：以上标准适用于海福特牛、夏洛来牛、利木赞牛等纯种牛和西门塔尔牛、短角牛等兼用牛。

表 1-1-9　肉牛外貌等级评定表　　　　　　　　　　　单位：分

性别	特等	一等	二等	三等
公牛	85	80	75	70
母牛	80	75	70	65

表 1-1-10　肉用犊牛、育成牛外貌等级评定标准

等级	外貌表现
一等	具有品种特征，发育良好，肢势端正，体型外貌良好
二等	具有品种特征，发育良好，体型外貌无明显缺陷
三等	具有品种特征，发育一般，体型外貌有明显缺陷

表 1-1-11 为中国良种黄牛外貌鉴定评分表。

表 1-1-11　中国良种黄牛外貌鉴定评分表　　　　　　　单位：分

项目		满分标准	公牛 满分	公牛 评分	母牛 满分	母牛 评分
品种特征及整体结构		根据品种特征，要求具有该品种的全身被毛、眼圈、鼻镜、蹄趾等的颜色；角的形状、长短和色泽；体质结实，结构均匀，体躯宽深，发育良好，皮肤粗厚，毛细短、光亮，头型良好；公牛有雄相，母牛俊秀	30		30	
躯干	前躯	公牛鬐甲高而宽，母牛鬐甲较低但宽；胸部宽深，肋弯扩张，肩长而斜	20		15	
躯干	中躯	背腰平直、宽广，长短适中，结合良好；公牛腹部呈圆筒形，母牛腹大但不下垂	15		15	
躯干	后躯	尻宽、长，不过斜，肌肉丰满。公牛睾丸两侧对称，大小适中，附睾发育良好；母牛乳房呈球形，发育良好，乳头较长，排列整齐	15		20	
四肢		肢势良好，壮健有力，蹄大、圆且坚实，蹄缝紧，动作灵活有力，行走时后蹄超前蹄	20		20	
合计			100		100	

（三）影响肉牛生产性能的因素

1. 品种和类型

不同品种和类型的牛，由于遗传基础不同，产肉性能有很大的差别。肉用品种或以产肉为主的兼用品种，其产肉数量及质量，都显著优于乳用和役用品种。

2. 性别

从增重速度来看，幼年时，小公牛的体重略大于小母牛；成年后，公牛的体重显

著地大于母牛。从肉的品质来看，母牛的肌纤维较细，结缔组织少，肉质嫩而味美，母牛肉胜过公牛肉。阉牛的生理机能发生了变化，体内容易蓄积脂肪，肥育能力提高，肉质好，胴体有较多脂肪和"五花肉"。

3. 年龄

肉质最好的是肥育过的小公牛，因为老牛的肉纤维变粗。另外，年龄越大，每千克增重消耗的饲料也越多，因为年龄较大的牛，增加体重主要靠在体内蓄积高能量的脂肪，而年龄较小的牛，增加体重则主要靠肌肉、骨骼和各种器官的生长。

4. 饲养管理

饲养管理对肉牛的生产性能影响最大。只有在正确的培育、放牧肥育和舍饲肥育条件下，才能提高产量，并获得含水量少、营养物质多、品质优良的牛肉。饲料的成分对牛肉的色泽、风味也有直接影响。此外，育肥牛舍的温度、湿度、饲养环境的安适与否，对肉牛的生产性能都有影响。

5. 杂交

利用品种间杂交，可使后代生长加快，并且饲料报酬和经济效益也都会提高。因此，目前在肉牛生产上杂交被广泛采用。

（四）肉牛生产性能的测定与计算

1. 肥度测定

目测和触摸是评定肉牛肥度的主要方法，也是生产部门鉴定人员常用的方法。目测主要是测定牛体的大小，体躯的宽度与深度，腹部的状况，肋骨的长度，以及垂肉、肩、背、臀、腰角等部位的肥满程度。触摸是用手探测各主要部位肉层的厚薄，脂肪蓄积的程度。经过肥度测定后，以初步估测的牛体重量及产肉量评出等级。

2. 屠宰测定

为了准确地了解牛的产肉性能，必须进行牛的屠宰测定。屠宰测定一般用到以下几个指标。

(1) 几个主要测重项目。

宰前重：绝食 24 小时后，临宰时的活重。

宰后重：屠宰后血已放尽的尸体重。

胴体重：放血后除去头、蹄、尾、皮、内脏所余躯体部分的重量。在我国，胴体重还包括肾脏及其周围脂肪重。

净体重：宰前重减去胃、肠和膀胱的内容物后的重量。

骨重：胴体除去肉后的全部骨重。

净肉重：胴体除去骨后的全部肉重。

(2) 屠宰率和净肉率。

屠宰率是表示产肉性能的常用指标；净肉率是表示产净肉性能的指标。其计算公式如下：

屠宰率(%)＝胴体重/宰前重×100%

净肉率(%)＝净肉重/宰前重×100%

但也有用净体重代替宰前重来计算屠宰率和净肉率的，这样能更真实地反映牛的肉用性能。

3. 牛肉的品质鉴定

（1）牛肉的感官鉴定。

牛肉的颜色以亮樱桃红色为好。老牛的肉色呈深褐色，幼牛的肉色呈淡红色。肥育良好的牛，胴体切面呈大理石纹状，肌束纤细、表面光润，肌间分布有脂肪。老牛和役用牛的肌束较粗，脂肪沉积少。

（2）牛肉的风味品评。

一般取臀部深层肌肉，切成 2×2×2 cm 的小块，在水开后下锅，不加任何调料，用文火煮 70 分钟，而后品评其鲜嫩度、多汁性和味道，并给出评分。

模块三　高产奶牛的选择

根据《高产奶牛饲养管理规范》（NY/T 14—2021）的规定，高产奶牛是指一个泌乳期（305 天）产奶量 9 000 kg 以上的奶牛。

一、选择标准

（一）奶牛品种

我国饲养的奶牛中有 95% 以上是中国荷斯坦牛（中国黑白花奶牛），此外还有新疆褐牛、三河牛、草原红牛等。荷斯坦牛属大体型奶牛，产奶量为各奶牛品种之最，年产奶量达 10 000 kg 以上的比较多见。2020 年，美国品种登记的荷斯坦牛平均年产奶量达 12 733 kg，乳脂率为 3.84%，乳蛋白率为 3.10%。目前，美国荷斯坦牛世界纪录保持者（牛名：Selz-Pralle Aftershock 3918 VG-88）365 天产奶量高达 35 461 kg。因此，为了获得高产奶牛，首先应选择荷斯坦牛品种。

（二）产奶成绩

产奶量和乳脂率两项指标（有的还测定乳蛋白率），是挑选高产奶牛最重要的依据。对于每头产奶牛，每月应由生产者自己测定 1 次产奶量和由收奶单位测定 1 次乳脂率，两次测定的间隔时间不能短于 26 天，不能长于 35 天。正常情况下，奶牛 1 年产犊 1 次，产前停奶 2 个月，所以 1 个泌乳期产奶时间规定为 305 天，高产奶牛也可为 365 天。从遗传学角度讲，产奶量和乳脂率呈负相关，产奶量越高，乳脂率越低，所以挑选高产奶牛，除了考虑产奶量外，更应重视乳脂率。对于低乳脂率的公牛，千万不可选作种牛。另外，高产奶牛分娩后，产奶高峰期出现时间比低产奶牛晚（高产奶牛一般在分娩后 56~70 天出现；低产奶牛在分娩后 20~30 天出现），而且产奶高峰期持续时间较长（100 天左右）。产奶高峰期过后，高产奶牛产奶量下降速度比低产奶牛缓慢。泌乳末期，低产奶牛一般自动停止产奶，而高产奶牛则产奶不止。因此，为了获得高产奶牛，应查阅奶牛的产奶记录或现场观察奶牛的产奶实况。

（三）体型外貌

奶牛体型外貌的优劣与其产奶成绩关系非常密切。实践反复证明，挑选体型外貌好特别是乳房及肢蹄好的奶牛对提高产奶成绩十分重要。正常情况下，高产奶牛的体型外貌有这样的特点：体形高大，中躯容量大，乳用体型明显，乳房附着结实，肢蹄强壮，乳头大小适中。具体来说，要求具备以下特点。

1. 体重体高

美国荷斯坦牛成年公牛平均体重为 1 100 kg、平均体高为 160 cm，成年母牛平均体重为 650 kg、平均体高为 140 cm；我国北方荷斯坦牛成年母牛平均体高为 136 cm，南方荷斯坦牛成年母牛平均体高为 130 cm。

2. 外貌特征

整体呈三角形，即从前往后看，以鬐甲为顶点，顺两侧肩部向下引两条直线，这两条直线越往下越宽，呈一三角形；从侧面看，后躯深，前躯浅，背线和腹线向前延伸相交呈一三角形；从上往下看，前躯窄，后躯宽，两体侧线在前方相交也呈一三角形。

3. 乳房

乳房是奶牛最重要的功能性体型特征。乳房的基部应前伸后延，附着良好。4个乳区匀称，后乳区高而宽。乳头垂直呈柱形，间距匀称。

4. 肢蹄

尤其后肢更为重要。母牛生殖器官及乳房均在后躯，需要坚强的后肢。总之，凡体形高大，乳用特征明显，消化、生殖、泌乳器官发达的奶牛，必然能吃、能喝，产奶多。

（四）系谱

系谱包括奶牛品种、牛号、出生年月日、出生体重、成年体尺、体重、外貌评分、等级和母牛各胎次产奶成绩。系谱中，还应有父母代和祖父母代的体重、外貌评分、等级，母牛的产奶量、乳脂率、等级。另外，牛的疾病和防疫检疫、繁殖、健康情况也应有详细记载。根据上述资料挑选高产奶牛很重要，不可忽视。如购买奶牛，必须采取防疫措施，避免传入疾病，特别是结核病、传染性流产、钩端螺旋体病、滴虫病、乳房炎等。

（五）年龄与胎次

一般情况下，初配年龄为 16~18 月龄，此时奶牛体重应达成年奶牛的 70%。1 胎和 2 胎母牛的产奶量比 3 胎以上的母牛低 15%~20%；3~5 胎母牛的产奶量逐胎上升，6~7 胎以后母牛的产奶量则逐渐下降。根据研究，乳脂率和乳蛋白率随着奶牛年龄与胎次的增长，略有下降。因此，为了使奶牛或奶牛群高产，饲养者必须注意年龄与胎次的选择。多数人认为，1 个高产奶牛群，如果平均胎次为 4 胎，其合理胎次结构为 1~3 胎占 49%，4~6 胎占 33%，7 胎以上占 18%。

奶牛年龄是评定奶牛经济价值和育种价值的重要指标，是进行饲养管理和繁殖配种的重要依据。饲养者从外地购买奶牛时，在没有详细牛档案资料的情况下，可根据外貌、角轮和牙齿对奶牛的年龄进行鉴定，其中通过牙齿鉴定较为准确。

1. 通过外貌鉴定

通过观察奶牛的外貌，对奶牛的年龄可有初步的估计，以此判断是老年奶牛、壮年奶牛、青年奶牛还是幼年奶牛。幼年奶牛头短而宽，眼睛活泼有神，眼皮较薄，被毛光润；体躯狭窄，四肢较高，后躯高于前躯。一般年轻奶牛的被毛长短、粗细适中，皮肤柔润而富有弹性，眼盂饱满，目光明亮，举动活泼而富有生气。老年奶牛与之相反，一般站立肢势不正，皮肤枯燥，被毛粗乱、缺乏光泽，眼盂凹陷，目光呆滞，眼圈上皱纹多并混生白毛，行动迟钝，塌腰，弓背。以上方法，只能鉴定奶牛的老、幼，而不能确切判断其年龄，故仅能作为年龄鉴定的参考。

2. 通过角轮鉴定

由于受到营养水平的影响，奶牛的角生长程度会出现变化，从而形成长短、粗细相间的纹路。在四季分明的地区，奶牛在自然放牧或依赖自然饲草的情况下，青草季节，营养丰富，角生长较快；而枯草季节，营养不足，角生长较慢。通常情况下，奶牛每年形成1个角轮。因此，可根据角轮数估计奶牛的年龄，即角轮数加上无纹理的角尖部位的生长年数（约2年）就等于奶牛的实际年龄。但这只在正常情况下才准确，若母牛空怀、流产、患病或营养不均衡，角轮的深浅、宽窄都会不一样，而且往往界限不清，每年也不止形成1个。因此，通过角轮鉴定奶牛的年龄时通常只计算大而明显的角轮，否则，易导致判定错误。

3. 通过牙齿鉴定

通常是以门牙更换和磨损的情况为依据。成年奶牛共有32颗牙齿，门牙4对（无上切齿）共8颗；臼齿分前臼齿和后臼齿，每侧各有3对共24颗。其中，4对门牙的第1对叫门齿，第2对叫内中间齿，第3对叫外中间齿，第4对叫隅齿。初生犊牛有乳齿1～2对，一般3周龄时乳牙全部长出共20颗，3～4月龄长齐，但无后臼齿。另外，奶牛无上门齿和犬齿，上门齿的位置被角质化的齿垫代替。

乳齿与永久齿在颜色、排列、大小等方面均有明显的区别（表1-1-12）。

表1-1-12 乳齿与永久齿的区别

特征	乳齿	永久齿
颜色	洁白	齿根呈棕黄色，齿冠色白而微黄
排列	不整齐	整齐
大小	小而薄	大而厚
齿颈	明显	不明显
齿间空隙	有且大	无

奶牛牙齿的生长有一定的规律。一般犊牛在出生时就有 1 对乳门牙，有时是 3 对，出生后 5~6 天或半个月左右生出最后 1 对乳门牙。3~4 月龄时，乳隅齿发育完全，全部乳门牙都已长齐而呈半圆形。从 4~5 月龄开始，乳门牙齿面逐渐磨损，磨损的次序是由中央到两侧。磨损到一定程度时，乳门牙便开始脱落，换生永久齿。更换的顺序是从门齿开始，最后及隅齿。当门牙已更换齐全时，又逐渐磨损，最后脱落。因此，由门牙的更换和磨损，就可以大致地判断奶牛的年龄。前臼齿虽然也更换，但观察臼齿比较困难，故在判断奶牛的年龄时，一般都不考虑臼齿的变化。现就成熟中等奶牛门牙更换和磨损的情况，简述其年龄的鉴定方法。

4~5 月龄，乳门牙已全部长齐，乳门齿和乳内中间齿稍微磨损。

6 月龄，乳外中间齿磨损，有时乳隅齿边缘也有磨损。

6~9 月龄，乳门牙齿面继续磨损，磨损面扩大。

10~12 月龄，乳门牙齿冠整个齿面磨完。

14 月龄，乳内中间齿齿冠磨平。

15~18 月龄，乳门牙显著变短，乳门齿开始松动，乳外中间齿和乳隅齿齿面已磨平。

1.5~2 岁，乳门齿脱落，换生永久齿，俗称"对牙"。

2.5~3 岁，乳内中间齿脱落，换生永久齿，并充分发育，俗称"四牙"。

3.5~4 岁，乳外中间齿脱落，换生永久齿，俗称"六牙"。乳外中间齿的更换距乳内中间齿更换的时间很近，故称"四六并扎"，这时内中间齿齿面的珐琅质开始磨损。

4.5~5 岁，乳隅齿脱落，换生永久齿，但此时尚未充分发育。到 4 岁 9 个月时，隅齿长得与其他门牙一样齐，这时全部门牙都已更换齐全，俗称"齐口"，但外中间齿已磨损。

5 岁，隅齿前缘开始磨损，齿冠相继磨平。

6 岁，隅齿磨损面扩大，门齿和内中间齿磨损很深，齿面珐琅质磨去一半。

7 岁，门齿齿面的珐琅质几乎都已磨损，到 7 岁 6 个月时，门齿和内中间齿的磨损面近似长方形，仅后缘还留下 1 个燕尾小角。

8 岁，门齿的磨损面近似四方形，燕尾小角消失，有时出现齿星，而外中间齿和隅齿的磨损面则近似长方形。

9 岁，门齿出现齿星，内、外中间齿的磨损面都近似四方形。

10 岁，内中间齿出现齿星，隅齿的珐琅质磨完，这时全部门牙变短，呈正方形，各齿间已有空隙。

11~12 岁，门齿和内、外中间齿的磨损面呈圆形或椭圆形，外中间齿和隅齿出现齿星，齿间空隙增大。

13~15 岁，全部门牙的珐琅质均已磨完，磨损面改变形状，略微变长，齿星变成长圆形。

15～18岁，门牙磨至齿龈，齿冠磨完，磨面空隙更大，齿间距离很大，稀疏分开，门牙有松动和脱落的现象。此时已很难判断奶牛的年龄，且一般已经被淘汰或死亡，没有饲养价值。

根据奶牛的牙齿鉴定其年龄比较可靠，但仍是估计的结果。由于牙齿的脱换、生长和磨损受许多因素的影响，因此有时鉴定结果与实际年龄有出入。如早熟品种和放牧饲养的奶牛，其正常变化约比上述年龄早半年；少数奶牛牙质不坚硬或为畸形牙齿，则难以准确鉴定其年龄。此外，饲草的质量也会影响鉴定结果，常年舍饲的奶牛，牙齿磨损慢；终年放牧的奶牛，饲草质量差，牙齿磨损快。

二、奶牛体况评分及其应用

（一）体况评分的意义

随着奶牛生产水平和集约化程度的提高，在牛群中常常会出现过于肥胖或过于瘦弱的牛只。成母牛如若过于肥胖，往往容易出现脂肪肝、酮病、真胃移位、胎衣滞留、食欲减退、难产、繁殖障碍等健康问题；反之，过于消瘦的成母牛，由于缺乏足够的体能储备支持泌乳需要，泌乳期峰值不高、持续时间短，产奶量低。而对于后备奶牛，若营养不良，乳房内会沉积大量的脂肪组织，使腺体组织发育受阻，导致终身产奶量不高。过肥的青年母牛产奶量比体况正常的青年母牛低27%。因此，奶牛的膘情是奶牛营养代谢正常与否及饲养效果的反映，也是决定奶牛是否高产的重要因素之一。

检查奶牛膘情最简单也是最有效的办法，就是进行体况评分。体况评分（Body Condition Score，BCS）是通过目测和触摸尾根、尻角（坐骨结节）、腰角（髋结节）、脊柱（主要是椎骨棘突和腰椎横突）、肋骨等关键骨骼部位的皮下脂肪沉积情况而进行的直观评分。在国外，奶牛体况评定工作已日益受到人们的重视，并且国外已将其作为牛群饲养管理的一个重要环节加以制度化、标准化。如英国早在20年前就已制定了奶牛体况评分标准，此后很快推广到西欧、北美、日本、以色列等地区。我国奶牛体况评定工作刚刚起步，有关这方面的研究甚少，至今还没有形成适合我国奶牛生产实际的评分体系，这是奶牛生产中不容忽视且亟待解决的问题。

（二）体况评分的方法

评分时，可将奶牛拴于牛床上进行。评分人员通过对奶牛评定部位的目测和触摸，结合整体印象，对照标准给分。评分时，牛体应自然舒张，如果肌肉紧张，会影响评分结果。

具体评分方法如下：

(1) 首先观察牛体的大小和整体丰满程度。

(2) 其次从牛体后侧观察尾根周围的凹陷情况，再从侧面观察腰角和尻角的凹陷情况及脊柱、肋骨的丰满程度。

（3）最后触摸尻角、腰角、脊柱、肋骨及尻部皮下脂肪的沉积情况。

其操作要点为：

（1）用拇指和食指掐捏肋骨，检查肋骨皮下脂肪的沉积情况。过肥的奶牛，不易掐住肋骨。

（2）用手掌在奶牛的肩、背、尻部移动按压，以检查其肥度。

（3）用手指和掌心掐捏腰椎横突，触摸腰角和尻角。如肉脂丰厚，检查时不易触感到骨骼。

评分时，侧重于尾根、尻角、腰角等部位的脂肪沉积情况，结合肋骨、脊柱及整体印象，达到准确、快速、科学评分的目的。

（三）体况评分的标准

奶牛体况评分标准及其参照体况如表 1-1-13 和图 1-1-3 所示。

表 1-1-13　奶牛体况评分标准

体况评分	评分标准	备注
1.0 分	• 脊椎骨铭心，节节可见，背线呈锯齿状 • 腰椎横突之下，两腰角之间及腰臀之间有深度凹陷 • 肋骨根根可见，腰角及臀端轮廓毕露 • 尾根下凹陷很深，呈"V"形	极度消瘦，呈皮包骨头状
2.0 分	• 脊椎骨突出，背线呈波浪形 • 腰椎横突之下，两腰角之间及腰臀之间有明显凹陷 • 肋骨清晰，腰角及臀端突起分娩 • 尾根下凹陷明显，呈"U"形	整体消瘦但不虚弱，有精神感
2.5 分	• 脊椎骨似鸡蛋锐端，看不到单根骨头 • 腰椎横突之下，两腰角之间及腰臀之间有凹陷 • 肋骨可见，边缘丰满，腰角及臀端可见但结实 • 尾根两侧下凹，但尾根上已开始覆盖脂肪	较清秀，是泌乳早期奶牛、性成熟前期奶牛的理想体况
3.0 分	• 脊椎骨丰满，背线平直 • 腰椎横突之下略有凹陷 • 肋骨隐约可见，腰角及臀端较圆滑 • 尾根两侧仍有凹陷，尾根上有脂肪沉积	清秀健康，是泌乳中期奶牛的理想体况
3.5 分	• 脊椎骨及肋骨上可感到脂肪沉积 • 腰椎横突之下凹陷不明显 • 腰角及臀端丰满 • 尾根两侧仍有一定凹陷，尾根上脂肪沉积较明显	是泌乳后期奶牛、干奶前期奶牛及青年奶牛产犊时的理想体况
4.0 分	• 脊突两侧近于平坦，肋骨不显现 • 腰椎横突之下无凹陷 • 尻部肌肉丰满，腰角及臀端圆滑 • 尾根两侧凹陷很小，尾根上有明显脂肪沉积	属丰满健康状况，是干奶后期奶牛、围产期奶牛的理想体况

续表

体况评分	评分标准	备注
4.5分	• 背部结实多肉 • 腰角及臀端丰满,脂肪沉积明显 • 尾根两侧丰满,皮肤几乎无褶皱	属肥胖体况
5.0分	背部隆起多肉	属过度肥胖体况

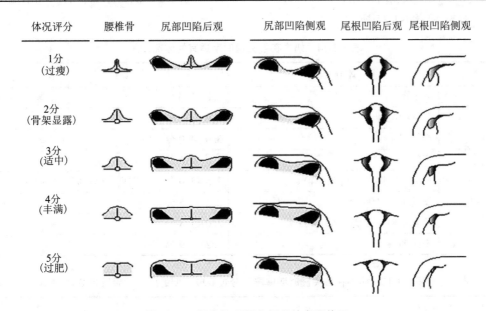

图 1-1-3 奶牛体况评分标准的参照体况

(四) 体况评分的应用

1. 后备母牛

后备母牛自 6 月龄开始,若有条件最好每隔 1 个月或 2 个月进行一次体况评分,并且至少应在下列时期进行体况评分:

(1) 6 月龄时,检查是否过肥,以防影响乳腺发育。

(2) 临近配种时,检查体况是否适宜,以保证受胎率。

(3) 产前 2 个月,检查体况是否适宜,以避免难产或产后代谢障碍。

2. 成母牛

成母牛每年进行五次体况评分:

(1) 产犊时,此时的体况宜在 3.0~3.5 分,奶牛过于瘦弱,将影响繁殖率。

(2) 产后 21~40 天的泌乳高峰期,奶牛最大的能量负平衡一般发生在产后 2~3 周,产后 60 天左右能量达正平衡,如在产后前 4 周,奶牛的体况降至 2 分(个别高产奶牛除外),应检查其健康、食欲、日粮能量和蛋白质水平及饲养策略。

(3) 产后 90~120 天的泌乳中期,奶牛体况在 3 分左右,如若体况降至 2 分,特别是对于产奶量又不高的奶牛，应检查其食欲；而对于体况在 3~3.5 分，但产奶峰值并不高的奶牛，应检查其日粮蛋白质和微量元素含量、饮水量等。

（4）干奶前 60~100 天的泌乳后期，此时的体况宜在 3.5 分左右，否则，应抓紧时间调整奶牛的体况，使其在干奶前达 3.5 分。

（5）干奶期，此时的体况宜在 3.5 分左右。

奶牛在各关键时期适宜的体况评分及体况评分过高或过低的原因、后果和措施如表 1-1-14 和表 1-1-15 所示。

表 1-1-14 奶牛在各关键时期适宜的体况评分

类别	评分时间	体况评分
后备母牛	6 月龄	2.0~3.0 分
	第一次配种	2.0~3.0 分
	产犊	3.0~4.0 分
成母牛	产犊时	3.0~3.5 分
	泌乳高峰期（产后 21~40 天）	2.5~3.0 分（个别高产奶牛降至 2.0 分）
	泌乳中期（90~120 天）	2.5~3.5 分
	泌乳后期（干奶前 60~100 天）	3.0~3.8 分
	干奶期	3.2~3.9 分

表 1-1-15 奶牛在各关键时期体况评分过高或过低的原因、后果和措施

阶段	体况评分	原因	后果	措施
产犊	>3.5 分	1. 干奶期脂肪沉积过多 2. 在干奶时体况过肥 3. 干奶期太长	1. 食欲差 2. 乳热症发病率高 3. 亚临床或临床性酮病发病率高 4. 脂肪肝发病率高 5. 胎衣滞留发病率高 6. 潜在产奶性能不能充分发挥	1. 降低干奶期日粮能量水平 2. 降低泌乳后期日粮能量水平 3. 将干奶时间限定为 60 天
	<3.0 分	1. 干奶期掉膘 2. 在干奶时体况过瘦	1. 体况过瘦意味着在营养不足时可动用的体脂储备不足 2. 乳蛋白率可能会降低	1. 提高日粮能量和（或）蛋白质水平 2. 提高泌乳后期日粮能量水平
泌乳高峰期	>3.0 分	产奶潜力未发挥	影响产奶量	提高日粮蛋白质水平
	<2.0 分	1. 在产犊时奶牛太瘦 2. 在泌乳早期失重过多	1. 不能达到潜在产奶高峰 2. 第一次配种受胎率低	1. 检查奶牛进食量和饲养措施 2. 提高日粮能量水平

续表

阶段	体况评分	原因	后果	措施
泌乳中期	>3.5分	1. 产奶量低 2. 饲喂高能日粮时间太长 3. 常见于采用全混合日粮方式饲喂的未分群的牛场	1. 进入泌乳后期可能会太肥 2. 下一胎次酮病及脂肪肝发病率高	1. 降低日粮能量水平或采用泌乳后期日粮 2. 检查日粮蛋白质水平 3. 提早将奶牛转至低产牛群
泌乳中期	<2.5分	泌乳早期失去的体膘未能及时得以恢复	影响产奶量和繁殖性能	提高日粮能量水平或按泌乳早期日粮能量水平进行饲喂,避免过早降低日粮能量水平
泌乳后期	>3.8分	日粮中精饲料过多,能量水平太高	1. 干奶及产犊时过肥 2. 难产率高 3. 下一胎次泌乳早期食欲差、掉膘快 4. 下一胎次酮病及脂肪肝发病率高 5. 下一胎次繁殖率低	减少精饲料比例,降低日粮能量水平
泌乳后期	<3.0分	1. 泌乳中期日粮能量水平偏低 2. 泌乳早期奶牛失重过多	1. 长期营养不良 2. 产奶量低,牛奶质量差	1. 检查日粮中能量、蛋白质是否平衡 2. 提高泌乳中期日粮能量水平
干奶期	>3.9分	1. 泌乳后期日粮能量水平过高 2. 未能及时配种	由于储存在盆骨内的脂肪会堵塞产道,难产率高	1. 调整泌乳后期日粮能量水平 2. 考虑淘汰 3. 如已出现脂肪肝,应在干奶期减少能量摄入
干奶期	<3.2分	泌乳后期未能达到理想体况	产犊时体况差,为了维持产奶量及牛奶质量,动用了过多的储备体脂	1. 提高泌乳后期日粮能量水平 2. 提高干奶期日粮能量水平

上述措施适用于牛群中的大多数母牛。但事实上奶牛的个体特性也颇为突出,某些奶牛骨骼天生比较明显或尾根较粗隆;有少数奶牛天生很难育肥,尽管很瘦,但泌乳和繁殖性能依然正常,这些奶牛应区别对待。

三、奶牛体型性状的线性评定

饲养奶牛是为了获取经济效益，要达到此目的，一是要提高奶牛的生产性能，二是要提高奶牛的健康水平和延长利用年限。奶牛的体型不仅与其健康水平和利用年限紧密相关，而且决定着其自身的生产能力和生产潜力。因此，做好奶牛的体型性状评定，可为正确评价奶牛的经济价值提供科学依据。

奶牛体型性状线性评定是针对奶牛的每个体型性状，按生物学特性的变异范围，定出性状的最大值和最小值，然后以线性的尺度进行评分。根据《中国荷斯坦牛体型鉴定技术规程》（GB/T 35568—2017）的规定，奶牛体型性状线性评定共涉及体躯容量、尻部、肢蹄、泌乳系统和乳用特征5个部位的20个线性评分性状和23个缺陷性状（表1-1-16），其中群体发生频率较低的体型外貌缺陷（缺陷性状）不进行线性评分，只作为扣分依据。

表1-1-16　奶牛体型评定的线性评分性状及缺陷性状

序号	分类	线性评分性状	缺陷性状
1	体躯容量	体高	1.1 双肩峰
		胸宽	1.2 背腰不平
		体深	1.3 整体结合不匀称
			1.4 凹腰
		腰强度	1.5 体弱
2	尻部	尻角度	2.1 肛门向前
			2.2 尾根凹
		尻宽	2.3 尾根高
			2.4 髋部偏后
3	肢蹄	蹄角度	3.1 卧系
			3.2 后肢抖
		蹄踵深度	3.3 飞节粗大
			3.4 蹄叉张开
		骨质地	3.5 后肢前踏或后踏
			3.6 过于纤细
		后肢侧视	3.7 前蹄外向
		后肢后视	3.8 蹄瓣不均衡
4	泌乳系统	乳房深度	
		中央悬韧带	
		前乳房附着	4.1 乳区不匀称
		前乳头位置	4.2 乳房形状差
			4.3 前乳房短
		前乳头长度	4.4 后乳房短
		后乳房附着高度	4.5 乳头不垂直
		后乳房附着宽度	4.6 有瞎乳区
		后乳头位置	
5	乳用特征	棱角性	

奶牛体型性状线性评定的具体方法如下：

首先，用 1~9 的整数来表示奶牛体型性状生理表现从一个极端向另一个极端变化的程度，即评定线性分，同时对缺陷性状进行扣分。奶牛体型性状线性评分和缺陷性状扣分如表 1-1-17 和表 1-1-18 所示。

表 1-1-17　奶牛体型性状线性评分

分类	体型性状	线性分									单位
		1	2	3	4	5	6	7	8	9	
体躯容量	体高	≤130	132	135	137	140	142	145	147	≥150	cm
	胸宽	≤13	16	19	22	25	28	31	34	≥37	cm
	体深	60：40	—	55：45	—	50：50	—	45：55	—	40：60	
	腰强度	极弱	—	弱	—	中等	—	强	—	极强	
尻部	尻角度	≤-4	-2	0	2	4	5.5	7	8.5	≥10	cm
	尻宽	≤10	12	14	16	18	20	22	24	≥26	cm
肢蹄	蹄角度	≤20	30	35	40	45	50	55	60	≥70	(°)
	蹄踵深度	≤0.5	1	1.5	2	2.5	3	3.5	4	≥4.5	cm
	骨质地	极粗、圆、疏松	—	—	—	中等	—	—	—	极宽、扁平、细致	
	后肢侧视	≥165	160	155	150	145	140	135	130	≤125	(°)
	后肢后视	飞节内向后肢 X 状	—	—	—	中等	—	—	—	飞节间宽后肢平行	
泌乳系统	乳房深度	≤-1	0	4	7	10	12	14	16	≥18	cm
	中央悬韧带	≤0	0.5	1.5	2	3	4	5	6	≥7	cm
	前乳房附着	极弱	—	弱	—	中等	—	强	—	极强	
	前乳头位置	极外	—	偏外	—	中间	—	偏内	—	极内	
	前乳头长度	≤2	3	3.5	4	5	6	7	8.5	≥10	cm
	后乳房附着高度	≥32	30	28	26	24	22	20	18	≤16	cm
	后乳房附着宽度	≤8	9.5	11	12.5	14	15.5	17	18.5	≥20	cm
	后乳头位置	极外	—	偏外	—	中间	—	偏内	—	极内	
乳用特征	棱角性	极差	—	差	—	中等	—	明显	—	极明显	

表 1-1-18　奶牛体型评定中缺陷性状扣分表　　　　　　　　单位：分

部位	缺陷性状	扣分值
体躯结构	双肩峰	1
	背腰不平	1
	整体结合不匀称	1
	凹腰	1
	体弱	1
尻部	肛门向前	2
	尾根凹	1
	尾根高	0.5
	髋部偏后	1.5
肢蹄	卧系	1
	后肢抖	3
	飞节粗大	1
	蹄叉张开	0.5
	后肢前踏或后踏	1.5
	过于纤细	1
	前蹄外向	1
	蹄瓣不均衡	1
泌乳系统	乳区不匀称	2
	乳房形状差	2
	前乳房短	1
	后乳房短	1
	乳头不垂直	1
	有瞎乳区	3

其次，将线性分转化为反映奶牛生理功能理想程度的分值，取值范围为 50~100 分，即评定功能分。奶牛体型评定各性状线性分与功能分对照如表 1-1-19 所示。

表 1-1-19　奶牛体型评定各性状线性分与功能分对照表　　　　　　　　单位：分

部位	体型性状	线性分								
		1	2	3	4	5	6	7	8	9
体躯容量	体高	57	64	70	75	85	90	95	100	95
	胸宽	55	60	65	70	75	80	85	90	95
	体深	56	64	68	75	80	90	95	90	85
	腰强度	55	60	65	70	75	80	85	90	95
尻部	尻角度	55	62	70	80	90	80	75	70	65
	尻宽	55	60	65	70	75	79	82	90	95

续表

部位	体型性状	线性分								
		1	2	3	4	5	6	7	8	9
肢蹄	蹄角度	56	64	70	76	81	90	100	95	85
	蹄踵深度	57	64	69	75	80	85	90	95	100
	骨质地	57	64	69	75	80	85	90	95	100
	后肢侧视	55	64	75	80	95	80	75	65	55
	后肢后视	57	64	69	74	78	81	85	90	100
泌乳系统	乳房形态 乳房深度	55	65	75	85	95	85	75	65	55
	乳房形态 中央悬韧带	55	60	65	70	75	80	85	90	95
	前乳房 前乳房附着	55	60	65	70	75	80	85	90	95
	前乳房 前乳头位置	57	65	75	80	85	90	85	80	75
	前乳房 前乳头长度	50	60	70	80	90	80	70	60	50
	后乳房 后乳房附着高度	58	65	68	70	75	80	85	90	95
	后乳房 后乳房附着宽度	58	65	68	70	75	80	85	90	95
	后乳房 后乳头位置	57	65	75	80	85	90	85	80	75
乳用特征	棱角性	57	64	69	74	78	81	85	90	95

再次，将体型性状功能分合并为5个部位的评分，包括体躯容量、尻部、肢蹄、泌乳系统和乳用特征。各性状功能分在部位评分中的权重如表1-1-20所示。各部位评分的计算公式如下：

$$SubS_i = \sum_{j=1}^{m}(X_j \times w_{ij}) - \sum_{k=1}^{n} D_k$$

式中：$SubS_i$——部位 i 评分；

　　　m——部位 i 所包含的线性评分性状数；

　　　X_j——部位 i 体型评定性状 j 的功能分，$j=1, 2, \cdots, m$；

　　　w_{ij}——部位 i 体型评定性状 j 的权重，$j=1, 2, \cdots, m$；

　　　D_k——部位 i 缺陷性状 k 的扣分，$k=1, 2, \cdots, n$；

　　　n——部位 i 所包含的缺陷扣分性状数。

表 1-1-20　奶牛体型评定各性状功能分及部位评分的权重

部位及权重	体型性状	性状权重/%
体躯容量 18%	体高	25
	胸宽	35
	体深	25
	腰强度	15
尻部 10%	尻角度	40
	尻宽	45
	腰强度	15
肢蹄 20%	蹄角度	25
	蹄踵深度	15
	骨质地	15
	后肢侧视	25
	后肢后视	20
泌乳系统 42% / 乳房形态 20%	乳房深度	55
	中央悬韧带	45
泌乳系统 42% / 前乳房 35%	前乳房附着	45
	前乳头位置	25
	前乳头长度	18
	乳房深度	12
泌乳系统 42% / 后乳房 45%	后乳房附着高度	30
	后乳房附着宽度	30
	后乳头位置	14
	乳房深度	12
	中央悬韧带	14
乳用特征 10%	棱角性	80
	骨质地	20

最后，按各部位在体型评定总分中的权重（表 1-1-20），计算出奶牛体型评定总分，并根据体型评定总分将奶牛的体型划分为 6 个等级（表 1-1-21）。体型评定总分的计算公式如下：

$$S = \sum_{i=1}^{5}(SubS_i \times w_i)$$

式中：S——体型评定总分；

w_i——体型评定部位 i 的权重，$i=1, 2, \cdots, 5$。

表 1-1-21　奶牛体型评定等级划分

体型评定等级	体型总分范围
优（Ex）	90~100 分
很好（VG）	85~89 分
好佳（GP）	80~84 分
好（G）	75~79 分
一般（F）	65~74 分
差（P）	65 分以下

注：Ex—excellent, VG—very good, GP—good plus, G—good, F—fair, P—poor。

模块四　牛场的建设与环境控制

一、奶牛场的建设与环境控制

任何建筑的设计都要站在使用者的角度，奶牛场的设计也一样。奶牛场的设计与建设应该以方便奶牛舒适生活、便于饲养管理、保证奶牛健康为前提，因此，对奶牛场建筑设计、内部结构、设施配置等都有一些基本要求。

（一）奶牛场的建设

1. 选择建舍的场地

牛舍要建在干燥、向阳、易于排水、交通方便、没有传染病威胁的地方，由于冬春两季多刮西北风，牛舍以坐北朝南或朝东南为好。此外，在选择建舍场地时，要对交通、堆放草料、火源等方面进行充分考虑、统筹安排。

2. 选择合适的牛舍类型

根据不同地区、不同气候条件，选择牛舍类型。例如，钟楼式牛舍通风良好，很适合夏季通风；房舍式牛舍保温效果好，故在北方多见。牛舍类型应与挤奶方式相匹配。小型奶牛场，宜选择拴系式牛舍；大中型奶牛场，多使用挤奶厅或管道挤奶，可选择散栏式牛舍。

3. 设计科学的牛舍内部结构

牛舍内部结构比牛舍外观更重要。奶牛的肢蹄、乳头、乳房、臀部的擦伤，大多与牛舍内部结构不合理有关。如果想要防止这些伤害的频繁发生，就一定要避免过窄的通道、打滑的地板、没有垫草的石灰泥地面等。排水不畅、粪尿大量堆积，将导致引起乳腺炎、肢蹄病、肠道感染等的致病菌大量繁殖；通风不足，将增加感染发生的机会；过硬的地面，易引发肢蹄病，甚至导致蹄叶炎，同时使挤奶脉冲不稳，导致出奶不畅，从而引发乳腺炎。所有这些，都应在设计牛舍内部结构时加以考虑。

4. 配备合理的牛舍设施

牛舍设施包括牛床、隔栏、饲槽、饮水器、排粪沟等。牛床是奶牛采食、挤奶和休息的场所，是最基本的设施。通常根据牛体的大小和拴系方式，确定牛床的大小。牛床间可设置隔栏，以方便对每头牛的操作。隔栏由弯曲的钢管制成，一般长度为牛床的2/3，栏高80 cm，由前向后倾斜。牛床前应设饲槽。每2头牛配备1个饮水器，设在两个栏之间。排粪沟设在牛床与清粪道之间，通常是明沟，一般沟宽30~40 cm，沟深5~18 cm，沟底有一定的排水坡度。

牛舍的向阳面应设运动场。运动场不宜太小，否则牛密度过大，易引起运动场泥泞、卫生差，导致乳房炎、腐蹄病增多。运动场周围应尽量绿化，以改善和美化牛场环境。在奶牛饲养区进出口处，必须设消毒池。消毒池构造应坚固，并能承载通行车辆。消毒池一般长3.8 m、宽3 m、深0.1 m，底面平整、耐酸、耐碱、不透水，池里充满消毒液。

此外，奶牛场还要设贮粪池，但必须与牛舍保持一定的距离，并设置在主风向的下方。池的底面和侧面要密封，以防渗漏污染地下水。池顶应有防雨棚。池的总容量以每头奶牛每天占有0.06 m³ 计算。

(二) 奶牛场的环境控制

奶牛业的生产效益不但取决于奶牛的品种和科学的饲养管理，还取决于奶牛的饲养环境。通常所说的奶牛场环境，是指在集约化养牛场的封闭式牛舍内环境中，存在于奶牛周围的小气候，包括温度、湿度、光照、通风、空气质量等。牛舍的环境控制是指在建设或改建及使用牛舍时要充分考虑的各种措施，用这些措施来减缓和消除自然因素对奶牛饲养产生的不利影响，以保证奶牛健康，预防疾病的发生，降低饲养成本，从而达到最佳的生产性能，提高生产效益。

1. 温度

封闭式牛舍具有特殊的舍内环境。舍内空气的热量小部分由舍外空气和阳光辐射带来，而大部分来自牛体的散热。最理想的舍温应该在动物的等热区和临界温度之间，这时奶牛的生产力、饲料利用率和抗病能力都较高，奶牛的生产性能可达到最佳状态，但要将环境温度精确控制在这一范围内是很难的。因此，在实际生产实践中给出的适宜温度范围是在一般的饲养管理条件下对奶牛生产性能不至于产生明显影响，在技术上切实可行，并且符合经济要求的温度范围。成年奶牛舍内的适宜温度是5 ℃~21 ℃，最佳温度是10 ℃~15 ℃；犊牛舍内的适宜温度是10 ℃~24 ℃，最佳温度是17 ℃。

在我国北方地区，夏季气温在25 ℃以上时，奶牛的采食量、产奶量、日增重都明显下降，冬季气温在-10 ℃以下时，饲料报酬明显降低。因此，在建造牛舍时要充分考虑牛舍的保温、隔热设计，同时还要在饲养过程中采取相应的增温、降温措施。

牛舍设计中常用的增温措施包括加大采光面积、利用太阳能加热、采用空气式太阳能供暖系统、设置采光天棚、牛舍墙与天棚的保温隔热设计等。在饲养过程中，可采用暖风机、热风炉、地火龙等设施，条件好的奶牛场也可采用空调机。此外，还可采取挡风、日粮调整、加热饮用水、铺设褥草等措施。

牛舍降温一般采用强力通风设备、洒水设备、空调设备等。在饲养过程中，一般采取强力通风、洒水、遮阳等措施来降低温度。此外，还可采取湿帘、饮冷水、日粮调整等措施。

在采取增温和降温措施时，舍内温度分布要均匀，同时温度梯度小也很必要。具体要求是天棚与地面附近温差不超过 3 ℃；墙内表面与舍内平均温差不超过 5 ℃；墙壁附近与舍中间温差不超过 3 ℃。

2. 湿度

牛舍的水汽来源：一是由大气带入的水分，占舍内空气总水汽量的 5%~10%；二是牛体排出的水分，约占 55%；三是地面、粪尿、污湿的垫料等蒸发的水分，占 10%~35%。在一般温度条件下，空气湿度对奶牛的热调节没有影响；在高温、高湿的环境中，奶牛的散热更困难，机体会感觉更热；在低温、高湿的环境中，奶牛的散热量明显增加，机体会感觉更冷。由于高湿不利于高温和低温的热调节，因此加重了高温和低温对奶牛生产力的影响。

空气湿度对奶牛的健康也有一定的影响。高湿时，奶牛机体的抵抗力减弱，发病率增加。但在适宜的温度下，高湿有助于空气的清洁。低湿时，特别是在高温情况下，会降低皮肤、黏膜的防御能力，引发呼吸道疾病。

牛舍的湿度主要通过通风和洒水来调节。一般情况下，牛舍的湿度不会过低，只要控制不要过高就好。对于奶牛的生产性能来说，50%~70% 的相对湿度是比较适宜的，但在冬天牛舍要保持这样的湿度水平比较困难。因此，规定的最高限度是成年牛舍、育成牛舍为 85%，犊牛舍、分娩室、公牛舍为 75%。

3. 光照

光照包括自然采光和人工照明两部分。适宜的光照能够促进奶牛的生长发育，增强免疫力，对奶牛的生理机能也有重要的调节作用。

牛舍的自然采光是调节温度的重要手段。牛舍的朝向是影响采光效果的重要因素，我国北方地区太阳高度角冬季小、夏季大。牛舍朝向以正南朝向为宜，这样在夏季直射阳光不能进入牛舍，避免了舍内温度的升高；而在冬季直射阳光能进入牛舍，提高了舍内温度，并使地面保持干燥。在牛舍的具体设计和布局中，由于受各种因素的影响，不能完全采用正南朝向的，可向东或向西做 15°~30° 的偏转。

在设计和建造牛舍时，要确定牛舍的采光面积，一般用采光系数来表示。奶牛舍的采光系数应在 1∶12 至 1∶10 之间。此外，还要考虑入射角，为保证舍内得到适宜的光线，入射角一般应小于 25°。

利用人工光源发出的可见光进行照明称为人工照明。人工照明不但适用于无窗牛

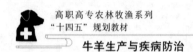

舍,自然采光牛舍为补充光照和夜间照明也需要安装人工照明设备。人工照明的光源主要有白炽灯和荧光灯两种。牛舍内应保持16~18小时/天的光照时间,并且要保证足够的光照强度,白炽灯为30 lx,荧光灯为75 lx。

4. 通风

通风的主要作用是排出过多的水汽、热量、有害气体、尘埃、细菌等。通风量可根据舍内外的温度差、湿度差、换气量及奶牛数量来计算。高温时风会缓和暑热,低温时风会助长寒冷。在我国北方地区,在实际生产实践中通常将夏季通风量作为牛舍最大通风量,冬季通风量作为牛舍最小通风量,以此进行通风系统设计。

在夏季高温时,仅靠自然通风很难改善舍内的闷热环境,这时就需要辅以机械通风来降低舍温和带走有害气体、水汽等。冬季要在保证室内有害气体浓度不超标的情况下,尽可能减少通风量以保持舍内温度。

5. 有害气体及尘埃

在封闭式牛舍,奶牛的呼吸、排泄及污物的腐败分解会产生一些对人、畜有害的气体,常见的危害较大的有氨、硫化氢、一氧化碳和二氧化碳。此外,还有由采食、活动及空气流通产生的尘埃。

这些有害气体对奶牛的危害是很大的,可导致其生产性能下降,免疫力降低,进而诱发呼吸系统疾病,严重时可造成奶牛死亡。国家对养牛场这些物质的含量有着严格的规定,CO_2 小于0.15%,NH_3 小于19.5 mg/m^3,H_2S 小于15 mg/m^3,CO 小于1.0 mg/m^3,空气中微粒量不超过0.5~4 mg/m^3。

在设计牛舍时,应该根据通风及排水系统、清粪方式及设备、粪尿和污水处理设施进行综合考虑;也可通过日粮的合理配合、使用适当的添加剂、及时清除粪尿、保持舍内干燥、合理组织通风换气、使用垫料和吸附剂来改善。

6. 其他

牛舍的环境控制还包括排水及粪尿的清除,垫草的使用,消毒及防虫、灭鼠等措施。这些措施也可改善牛舍的卫生环境,提高奶牛的生产力,预防疾病的发生,从而提高奶牛的饲养效益。

二、肉牛场的建设与环境控制

(一) 肉牛场的建设

1. 设计原则

修建牛舍的目的是为肉牛创造适宜的环境,保障肉牛的健康和生产的正常运行。花较少的资金、饲料、能源和劳动力,获得更多的畜产品和较高的经济效益。为此,设计牛舍应掌握以下原则。

(1) 为肉牛创造适宜的环境。

一个适宜的环境可以充分发挥肉牛的生产潜力,提高饲料利用率。一般来说,肉牛的生产力有20%取决于品种,有40%~50%取决于饲料,有20%~30%取决于环境。不适宜的环境温度可以使肉牛的生产力下降10%~30%。如果没有适宜的环境,即使饲喂全价饲料,饲料也不能最大限度地转化为畜产品,从而降低了饲料利用率。由此可见,修建牛舍时,必须符合肉牛对各种环境条件的要求,包括温度、湿度、通风、光照,空气中的二氧化碳、氨、硫化氢,为肉牛创造适宜的环境。

(2) 符合生产工艺要求,保证生产的顺利进行和畜牧兽医技术措施的实施。

肉牛生产工艺包括牛群的组成和周转、草料的运送、饲喂、供水、清粪等,也包括测量、称重、采精输精、防治、生产护理等技术措施。修建牛舍必须与本场生产工艺相结合,否则,必将给生产造成不便,甚至使生产无法进行。

(3) 严格卫生防疫,防止疫病传播。

流行性疫病会对肉牛场形成威胁,造成经济损失。通过修建规范的牛舍,为肉牛创造适宜的环境,可以减少或防止疫病的发生。此外,修建牛舍时还应特别注意卫生要求,以利于兽医防疫制度的执行。要根据防疫要求合理进行场地规划和建筑物布局,确定牛舍的朝向和间距,设置消毒设施,合理安置污物处理设施等。

(4) 做到经济合理,技术可行。

在满足以上三项要求的前提下,牛舍修建还应尽量降低工程造价和设备投资,以降低生产成本,加快资金周转。因此,牛舍修建要尽量利用自然界的有利条件(如自然通风、自然光照等),尽量就地取材,尊重当地建筑施工习惯,适当减少附属用房面积。牛舍设计方案必须是通过施工能够实现的,否则,方案再好,也只能是空想的设计。

2. 规划布局

肉牛场的场区规划应本着因地制宜和科学饲养的要求,合理布局,统筹安排。考虑今后发展,留有余地,利于环保。场内建筑物的配置应做到紧凑整齐,提高土地利用率以节约用地,不占或少占耕地,供电线路、供水管道节约,以利于整个生产过程和便于防火灭病,并注意防火安全。

肉牛场一般包括3~4个功能区,即生活区、辅助区、生产区及粪尿污水处理区、病死畜管理区。各功能区界限分明,联系方便。各功能区间距应不少于50 m,并有防疫隔离带或墙。

(1) 生活区。

生活区指职工文化住宅区。应在肉牛场上风头或地势较高地段,主要包括生活设施、办公设施及与外界接触密切的生产辅助设施等。设主大门,与生产区严格分开,并与生产区保持500 m以上的距离,以保证生活区良好的卫生环境。

(2) 辅助区。

辅助区包括饲料库、饲料加工车间、草场、干草棚、青贮池等生产辅助设施。饲料库和饲料加工车间设在生产区与生活区之间，应方便车辆运输；草场设在生产区的侧向，有专用通道通向场外，草垛距离房舍 50 m 以上；牛舍一侧设饲料调制间和更衣室。

(3) 生产区。

生产区应设在场区中间地势较低的位置，要能控制场外人员和车辆，使之不能直接进入，要保证最安全、最安静。大门口设立传达室、消毒室、更衣室和车辆消毒池，严禁非生产人员出入场区，出入人员和车辆必须经消毒室或消毒池消毒。各牛舍之间要保持适当距离，整体布局要整齐，以便防疫和防火；但也要适当集中，节约水电线路和管道，缩短饲草及粪尿运输距离，便于科学管理。

(4) 粪尿污水处理区、病死畜管理区。

粪尿污水处理区设在生产区下风地势低处，与生产区保持 300 m 卫生间距。病牛区应有单独通道，便于隔离，便于消毒，便于污物处理等。尸坑和焚尸炉距牛舍 300～500 m。防止粪尿污水蔓延污染环境。

3. 牛舍建设

(1) 牛舍结构。

① 基础：应有足够的强度和稳定性；防止下沉或不均匀下陷导致建筑物产生裂缝或倾斜。

② 墙壁：维持舍内温度及卫生。要求坚固结实，抗震，防水，防火，具有良好的保温、隔热性能，便于清洗消毒，多采用砖墙。

③ 屋顶：防雨水、风沙，隔绝太阳辐射。要求质轻，坚固结实，防水，防火，保温，隔热，抵抗雨雪、强风等外力。

④ 地面：要求致密坚实，不硬不滑，温暖有弹性，易清洗消毒。大多数采用水泥地面，优点是：坚实，易清洗消毒，导热性强，夏季利于散热；缺点是：缺乏弹性，冬季保温性差。

⑤ 窗：符合通风透光的要求。窗户面积与舍内地面面积之比，成牛 1∶12，小牛 1∶14 至 1∶10。一般窗户宽 1.5～2 m、高 2.2～2.4 m，窗台距地面 1.2 m。

(2) 饲槽。

可采用混凝土饲槽，为便于机械操作，其长短与饲喂制度有关。如每天饲喂 2 次，则每头牛应有 0.7～0.8 m 的宽度；如饲槽是充分供应自由采食的，则每头牛应平均有 0.3 m 的宽度。水槽如安装自动饮水器，可按每 15 头牛 1 个设置。

(3) 舍内走道。

视清粪设置而定。如采用机械刮粪，则应为混凝土地面，地面向清粪的方向倾斜 3.5°～5.5°以便清洗，走道宽度与清粪机械（推车）宽度相适应。同时走道要直，与饲槽毗连的走道要比一般走道宽些,便于牛在采食时其尾后有足够的宽度让其他牛自由往来。如用水冲洗牛粪,走道应采用漏缝式地板,用钢筋混凝土条作地板,钢筋混凝土条必须固定牢固,勿使漏缝变宽。地板下面设粪沟。目前通常采用将粪冲洗到舍外粪池或沉淀池的方式,因此地板下的粪沟应有30°倾斜,以利于将粪冲到舍外粪池或沉淀池。

4. 选址原则

场址的选择要有周密考虑、通盘安排和比较长远的规划。必须与农牧业发展规划、农田基本建设规划及今后修建住宅等规划结合起来,必须适应现代化养牛业的需要。选址一般遵循以下原则。

(1) 地势。

牛舍要建在高燥,背风向阳,地下水位 2 m 以下,具有一定坡度(一般 1%~3%,最大 25%)的北高南低、总体平坦的地方。切不可建在低凹处或低风口处,以免排水困难、汛期积水及冬季防寒困难。

(2) 地形。

开阔整齐,理想的形状为正方形、长方形,避免狭长和多边角。

(3) 水源。

要有合乎卫生要求的水源,取用方便,保证生产、生活用水及人畜饮水充足。水质良好,不含毒物,确保人畜安全和健康。

(4) 土质。

沙壤土最理想,沙土较适宜,黏土最不适宜。沙壤土土质松软,抗压性和透水性强,吸湿性和导热性小,毛细管作用弱。雨水、尿液不易积聚,雨后没有硬结,有利于牛舍及运动场的清洁与卫生干燥,有利于防止蹄病及其他疾病的发生。

(5) 气象。

要综合考虑当地的气象因素,如最高温度和最低温度、湿度、年降雨量、主风向、风力等,以选择有利地势。

(6) 社会联系。

应便于防疫,距村庄居民点 500 m 下风处,距主要交通要道(公路、铁路)500 m,距化工厂、畜产品加工厂等 1 500 m 以上,交通、供电方便,周围饲料资源尤其是粗饲料资源丰富,且尽量避免周围有同等规模的饲养场,避免原料竞争。符合兽医卫生和环境卫生的要求,周围无传染源。无人畜地方病。

5. 规模选择

规模大小是场区规划与肉牛场设计的重要依据,规模大小的确定应考虑以下几个方面。

(1) 自然资源。

特别是饲草资源,是制约饲养规模的主要因素。生态环境对饲养规模也有很大影响。

(2) 资金情况。

建场养牛所需的资金较多,资金周转期长,回报率低。资金雄厚,饲养规模可大,总之要量力而行,进行必要的资金运行分析。

(3) 经营管理水平。

社会经济条件的好坏、社会化服务程度的高低、价格体系的健全与否,以及价格政策的稳定性等,对饲养规模有一定的影响。在确定饲养规模时,应予以考虑。

(4) 场地面积。

肉牛生产、肉牛场管理、职工生活及其他附属建筑等需要一定场地、空间。肉牛场的大小可根据每头牛所需的面积,结合长远规划计算出来。牛舍及其他房舍的面积为场地总面积的15%~20%。由于牛体大小、生产目的、饲养方式等的不同,每头牛占用的牛舍面积也不一样。育肥牛每头所需的面积为 $1.6~4.6~m^2$。通栏育肥牛舍有垫草的每头牛占 $2.3~4.6~m^2$,有隔栏的每头牛占 $1.6~2.0~m^2$。

(5) 品种因素。

规模饲养肉牛应选择杂交改良牛。杂交改良牛增重快,肉质好,饲料报酬高。农区应积极推广饲养德国黄牛与南阳牛、秦川牛、晋南牛、鲁西牛等国内地方牛的杂交后代,可以选择西门塔尔牛、皮埃蒙特牛等作为杂交改良的终端父本,会收到优质高效的理想效果。

(二) 肉牛场的环境控制

1. 温度

肉牛适宜饲养在5 ℃~21 ℃的环境中,因此在夏季要注意加强牛舍降温,而在寒冷的冬季,为使牛舍温度升高,需要在舍内提供适宜的热源,并注意加强保温。在我国比较普遍建设传统的封闭牛舍,该类牛舍的建筑形式大多采用砖瓦结构,屋顶起脊,换气口设在北向,开窗朝南向。牛舍面积大小不一,通常按每头育成牛占1.8~$2.5~m^2$计算。在我国北方,如果外界温度不是非常低,封闭型牛舍通常不需要采取人工增温,此时肉牛瘤胃内发酵产生的余热基本能够使其体温增加,但是当外界最低温度在-12 ℃~-10 ℃时,必须采取人工增温。现在,暖风机、地火龙、热风炉等设施的使用比较普遍。各肉牛场可根据自身经济条件和设备条件选择适宜的方式,但必须确保舍内温度在不同位置保持相对平衡,避免舍内温差过大,通常舍内温差要控制在 4 ℃以下。夏季气候炎热,往往导致舍内温度比较高,要利于牛舍降温,可在舍内安装通风扇、湿帘、水雾器等降温设备。这就要求设计牛舍时,进气口的有效面积是排气口面积的1.5~2.0倍,并将湿帘安装在进气口处,使湿帘和冷风有效结合,从而带走牛体散发的大部分热量,起到良好的降温作用。

2. 湿度

牛舍内的空气总水汽量的10%~15%是随空气进入的水分,75%左右是牛体自身排出的水分，10%~15%来自地面、污湿的垫料、粪尿等蒸发的水分。在温度正常的情况下，肉牛的热调节不会受到空气湿度的影响。但当肉牛处于低温、高湿环境中时，机体会增加散热，从而感到更冷；当肉牛处于高温、高湿环境中时，机体难以散热，从而感到更热。正是由于高湿会影响肉牛在低温和高温条件下的热调节，所以在高湿环境中肉牛生产力受低温和高温的影响将更加严重。此外，肉牛的健康也在一定程度上受到空气湿度的影响。湿度过低时，尤其是在高温条件下，肉牛皮肤、黏膜的防御能力明显降低，肉牛容易发生呼吸道疾病；湿度过高时，肉牛的抵抗力明显减弱，发病率增加，但在温度适宜的情况下，高湿能够保持空气清洁。牛舍内的湿度主要通过洒水和通风进行调节。大多数情况下，牛舍内湿度不会出现过低的现象，通常注意不要过高即可。

3. 通风

舍内保持良好通风，能够将过多的热量、有害气体和水汽排出舍外，因此设计牛舍时必须考虑舍内通风换气装置的设计和通风量的确定。确定通风量时，要结合肉牛饲养数量及舍内外的换气量、温度差、湿度差进行计算。在我国北方地区，往往将肉牛生产中的冬季通风量规定为最小通风量，夏季通风量规定为最大通风量。一般来说，牛舍在温暖季节通过开关门窗基本就能满足舍内通风换气的需要。但由于北方地区冬季气候寒冷，为防寒保暖通常将门窗封闭严实，因此在牛舍建设过程中需要注意留出自然通风口。牛舍可选择多种形式的自然通风装置。在我国，流入排出式通风系统被广泛使用，包括屋顶上的排气管和纵墙上均匀分设的进气管。在北侧纵墙上适当设置少量的进气管，且其与天棚间的距离为 40~50 cm，彼此间距为 3~4 m，断面为 20 cm×20 cm~25 cm×25 cm。在屋顶两侧，排气管采取交错垂直安装。下端从天棚开始，上端比屋脊高出 0.5~0.7 m，彼此间距 8~12 m，断面为 50 cm×50 cm，且里面安装调节板用于控制风量。

4. 光照

在设计牛舍的朝向时，需要根据当地阳光的入射方向，如冬季要求阳光能够直射舍内，而夏季要求避免阳光直射舍内。在我国，大多数牛舍的方向采取南北向，这样能够保证光照适中。完全开放型结构的牛舍需要配合安装侧遮阳系统，特别是东西向的长栋及没办法进行修改的牛舍。另外，在牛舍周围多种一些树木，也有利于减少直射、反射与散射光的进入，但要注意不能影响通风。

5. 有害气体

牛舍内含有过多的有害气体会造成严重危害，如牛体自身呼吸排出的二氧化碳及舍内污物产生的氨气、二氧化硫、硫化氢等都是有害气体。排出舍内有害气体的有效途径是进行通风换气，并进入新鲜空气，从而改善舍内空气质量。因此，牛舍要设置屋顶天窗、通风管、地脚窗等来加强通风。如果舍外自然风较强，打开地脚窗通过对流通风，形成"街地风"和"穿堂风"，排出舍内有害气体。

课后练习

一、名词解释

1. 305 天产奶量
2. 全泌乳期实际产奶量
3. 排乳速度
4. 前乳房指数
5. 屠宰率
6. 净肉率

二、选择题

1. 影响奶牛泌乳的因素包括（　　）。

   A. 品种　　　　　　　　　　B. 个体

   C. 发情与妊娠　　　　　　　D. 饲养管理水平

2. 奶牛在泌乳期产奶量的变化趋势是（　　）。

   A. 没有变化　　　　　　　　B. 持续走高

   C. 持续下降　　　　　　　　D. 先低后高，再逐渐下降

3. 母牛干奶期一般为（　　）天。

   A. 30　　　　　　　　　　　B. 40~50

   C. 50~60　　　　　　　　　D. 80

4. 品质优良的奶牛品种前乳房指数一般是（　　）。

   A. 45%　　　　　　　　　　B. 50%

   C. 60%　　　　　　　　　　D. 80%

5. 奶牛年龄的鉴定方法包括（　　）。

   A. 外貌鉴定　　　　　　　　B. 角轮鉴定

   C. 牙齿鉴定　　　　　　　　D. 无法鉴定

6. 当奶牛"齐口"时，可看出该奶牛有（　　）岁。

   A. 2.5~3　　　　　　　　　B. 4.5~5

   C. 2.5　　　　　　　　　　D. 5~6

7. 评价肉牛的产肉性能最重要的部位是（　　）。

   A. 背腰　　　　　　　　　　B. 前胸

   C. 尻部　　　　　　　　　　D. 鬐甲

8. 下列属于肉牛鉴定方法的是（　　）。

   A. 肉眼鉴定　　　　　　　　B. 体尺测量

   C. 活重测定　　　　　　　　D. 外貌评分

三、简答题

1. 简述奶牛生产性能的评定指标。
2. 阐述高产奶牛的选择标准。
3. 论述奶牛场的选址条件。
4. 阐述奶牛场的环境要求。
5. 阐述肉牛的鉴定方法。
6. 简述影响肉牛生产性能的因素。
7. 简述肉牛生产性能的评定指标。
8. 从哪些方面来控制牛舍的环境?

项目二 牛常用饲料的开发与利用

学习目标

1. 识别牛的常用饲料
2. 掌握牛饲料的加工调制程序
3. 掌握牛的日粮配合

模块分解

模块一　牛的常用饲料
模块二　牛饲料的加工调制
模块三　牛的日粮配合

模块一　牛的常用饲料

一、粗饲料

粗饲料是指粗纤维含量高的饲料，按干物质计，粗纤维含量在18%以上。使用粗饲料的益处有：维持瘤胃功能和消化作用；促进瘤胃内微生物生长，提高产奶量和乳脂率；增加反刍动物的反刍次数，以维持瘤胃内适当的酸度；利用成本低，是低廉的营养素来源。粗饲料中的纤维素具有防止牛发生消化障碍、提高饲料效率、合成乳脂肪等作用。因此，为了维持牛正常瘤胃功能，日粮中需要一定数量的粗纤维。

泌乳期奶牛通过粗饲料摄取的干物质占40%～60%，而干奶牛和育成牛则通过粗饲料摄取80%以上的干物质。另外，喂养时还要注重粗饲料的质量，劣质的粗饲料难以维持奶牛的体重，优质的粗饲料不仅能够维持奶牛的体重，而且可以满足产奶20 kg的营养需要。

(一) 苜蓿

苜蓿营养价值高，鲜草中含粗蛋白质 4%，优质干草中含粗蛋白质 20%~22%。据测定，苜蓿干物质中赖氨酸含量为 1.05%~1.38%，16 kg 苜蓿干草的能量相当于 1 kg 粮食的能量。按能量和蛋白质综合效能，1.2 kg 苜蓿干草可代替 1 kg 粮食。苜蓿产量高，每公顷可产鲜草 45~60 t，属多年生长植物，寿命长达 6~7 年，每年刈 2~3 次。一般 2~4 年生长最茂盛，5 年后生产力逐渐下降。

苜蓿的利用以青饲为主，在草量丰富时，可晒制干草以备乏草期饲用。幼嫩苜蓿是幼畜最好的蛋白质、维生素补充饲料，反刍家畜则应适量饲喂，因为饲喂过多会引起瘤胃鼓气病。苜蓿最好在初花期刈，做青饲料宜早，制干草可在盛花期刈。青饲时，每头奶牛每天的青草饲喂量为 25~40 kg；乏草期，每头奶牛每天的干草饲喂量为 15~20 kg。

(二) 青贮饲料

青贮饲料是以新鲜的全株玉米、牧草等青绿饲料为原料，切碎后装入密闭容器内，在厌氧条件下经过乳酸菌发酵调制出的营养丰富、消化率高的饲料。青贮饲料的营养价值因原料种类的不同而不同，其共同的特点是富含水分、蛋白质、维生素、矿物质等营养成分，2.5~3 kg 青贮饲料可代替 1 kg 干草。

青贮是保证常年均衡供应青绿多汁饲料的有效措施，青贮饲料气味酸香，柔软多汁，颜色黄绿，适口性好，是牛四季特别是冬春季节的优良饲料。但应注意，鲜嫩的青草、菜叶青贮后仍然含有大量的轻泻物质，饲喂量过大往往会造成拉稀，影响消化吸收。通常奶牛饲喂量为 20~30 kg，种公牛饲喂量为 5~12 kg。开始饲喂青贮饲料时，要由少到多，逐渐增加；停止饲喂青贮饲料时，也应由多到少，逐步减少。

(三) 羊草

羊草在寒冷、干燥地区生长良好，适宜在我国东北和华北地区种植。羊草春季返青早，秋季枯黄晚，能在较长的时间内提供较多的青饲料。

羊草叶量多、营养丰富、适口性好。花期前羊草粗蛋白质含量一般占干物质的 11% 以上，分蘖期高达 18.53%，并且羊草富含矿物质、胡萝卜素，每千克干物质中含胡萝卜素 49.50~85.87 mg。羊草制成干草后，粗蛋白质含量仍能保持在 10% 左右，且气味芳香、适口性好、耐贮藏。

羊草可放牧利用、青饲和青贮，主要供制干草用。制干草的方法：在孕穗至开花初期、根部养分蓄积量较多的时期刈。刈后晾晒 1 天，先堆成疏松的小堆，使羊草慢慢阴干，待含水量降至 16% 左右，即可集成大堆，准备运回贮藏。绿色的羊草干草，每头奶牛日饲喂量可达 15~20 kg。切短饲喂或整株饲喂效果均好。羊草干草也可制成草粉或草颗粒、草块、草砖、草饼，供作商品饲草。

(四) 青干草

青干草是将牧草及饲料作物适时收割，经自然或人工干燥制成的。优质青干草应颜色鲜绿、香味浓郁、适口性好、叶量多，叶片及花序损失不到5%。青干草含粗蛋白质10%~20%、粗纤维22%~23%、无氮浸出物40%~50%，且含有较丰富的矿物质，是牛冬春季节必不可少的饲料。目前，常用的豆科青干草有苜蓿、沙打旺、草木樨等，禾本科青干草主要有羊草、黑麦草、无芒雀麦、苏丹草等，禾谷类青干草有燕麦、大麦、黑麦等。

（五）多汁饲料

多汁饲料水分含量高，在自然状态下一般为75%~95%，具有轻泻与调养作用，对泌乳母牛还有催乳作用；干物质含量高，且富含淀粉和糖类，有利于乳糖和乳脂的形成；纤维素含量低，一般不超过10%，且不含木质素；粗蛋白质含量低，只有1%~2%，以薯类含量最低；钙、磷、钠含量低，而钾含量丰富；维生素含量因种类不同而差异很大；适口性好，能刺激牛的食欲，有机物质消化率高；产量高，生长期短，生产成本低，但因含水量高，运输较困难，不易保存。

1. 甜菜

甜菜是牛的优良多汁饲料，根据甜菜中干物质含量的不同，可将甜菜分为饲用甜菜和糖用甜菜两种。饲用甜菜中干物质含量较低，一般只有12%左右，总营养价值不高。糖用甜菜中干物质含量较高，且富含糖分。甜菜叶中还含有大量草酸，不利于牛消化吸收饲料中的钙，所以需要在每100 kg鲜叶中补加125 g磷酸钙，以中和草酸，并且最好与其他饲草混喂，以防腹泻。

2. 胡萝卜

胡萝卜含有较多的糖分和大量的胡萝卜素（每千克含100~200 mg），适口性好，具有调养作用，是牛获取维生素的最好来源，对牛的生长和泌乳都具有良好的作用。胡萝卜一般采取生喂，但必须洗净切碎后再喂。

3. 甘薯

甘薯干物质含量约为30%，主要为淀粉和糖类，营养价值较高。红色或黄色的甘薯含有大量的胡萝卜素（每千克含60~120 mg），但缺乏磷和钙。甘薯味甜美，适口性好，容易消化。饲喂牛前要将甘薯藤蔓铡短，饲喂量根据牛的粪便变化情况进行调整，也可将甘薯藤蔓制成青贮饲料，供冬春季节饲用。禁用黑斑病甘薯饲喂牛，以防牛中毒。

二、精饲料

精饲料中可消化营养物质含量高，粗纤维含量低，是牛主要的能量和蛋白质饲料。

（一）玉米

玉米是禾本科籽实中淀粉含量较高的饲料，70%为无氮浸出物，其中绝大部分是淀粉。粗纤维含量极低，易被消化，有机物质消化率达90%。玉米的蛋白质含量较

低，而且主要由生物学价值较低的玉米蛋白和谷蛋白构成。玉米是牛、羊、兔等草食动物的良好能量饲料。此外，黄玉米的色素为牛、羊奶油色素的重要来源。玉米用作牛、羊饲料时不应粉碎过细，宜磨碎或破碎。

（二）大麦

大麦的蛋白质含量略高于玉米，品质也较玉米好，粗纤维含量为5.2%，但脂肪含量较低，所以总营养价值较玉米低。大麦含较多的粗纤维，质地疏松，用于饲喂奶牛能得到品质优良的牛奶和黄油。大麦是牛、羊、兔等草食动物的良好能量饲料。饲用时不应粉碎，宜压扁或磨碎。

（三）高粱

高粱的营养价值稍低于玉米，无氮浸出物含量为68%，其中主要是淀粉。高粱的蛋白质含量稍高于玉米，但品质较差。高粱的粗纤维和脂肪含量比玉米低，具有与玉米相似的缺陷。高粱含有鞣酸，所以适口性较玉米差，且易引起牛便秘。

（四）小麦

小麦的粗蛋白质含量居谷实类之首，一般达12%以上，但必需氨基酸尤其是赖氨酸含量不足，因而小麦蛋白质品质较差。小麦的无氮浸出物含量高，可达干物质的75%以上。小麦的粗脂肪含量低（约1.7%），这是小麦能值低于玉米的主要原因。小麦是牛、羊的良好能量饲料，但饲料中用量不能过多，应控制在50%以下，否则易引起瘤胃酸中毒。饲用前应破碎或压扁。

（五）燕麦

燕麦的粗纤维含量在10%以上，淀粉含量不足60%，蛋白质含量在10%左右，粗脂肪含量在4.5%以上，且不饱和脂肪酸含量高。燕麦是牛、羊等的良好能量饲料，适口性好，饲用价值较高。饲用前可磨碎，也可整粒饲喂。

（六）糠麸类

糠麸是谷实经加工后形成的一些副产品，包括米糠、小麦麸、大麦麸、玉米糠、高粱糠等。糠麸主要由种皮、外胚乳、糊粉层、胚芽、颖稃纤维残渣等组成。糠麸成分不仅受原粮种类的影响，而且受原粮加工方法和精度的影响。与原粮相比，糠麸中蛋白质、粗纤维、B族维生素、矿物质等含量较高，但无氮浸出物含量低，故糠麸属有效能值较低的一类饲料。另外，糠麸类饲料结构疏松、体积大、容重小、吸水膨胀性强，对动物有一定的轻泻作用，如给产后的母牛饲喂适量的小麦麸粥，可通便润肠，调整母牛的消化道功能。

（七）大豆

大豆富含蛋白质（约36.2%）和脂肪（达16%），无氮浸出物含量也较高，所以含能量较高。大豆由于含有丰富的具有完全价值的蛋白质，因此是牛生长发育和泌乳的最好的蛋白质饲料。大豆蛋白质中含蛋氨酸、色氨酸、胱氨酸较少，最好与禾本科籽实混合饲喂。

牛饲料中可使用生大豆,但不宜超过精饲料的50%,且应配合胡萝卜素含量高的粗饲料使用,否则会降低维生素A的利用率,造成牛奶中维生素A含量剧减。肉牛饲料中使用过多会影响肉牛的采食量,且使肉牛出现软脂倾向。全脂大豆适口性好于生大豆,且具有较低的瘤胃蛋白质降解率。大豆熟喂效果最好,能改善适口性和提高蛋白质的消化利用率。生大豆不宜与尿素同用。

（八）大豆饼粕

大豆饼粕是以大豆为原料提取油脂后的副产物。由于制油工艺不同,通常将利用压榨法取油后的产品称为大豆饼,而将利用浸出法取油后的产品称为大豆粕。大豆饼粕的粗蛋白质含量高,一般为40%~50%；氨基酸含量高,组成合理；粗纤维含量较低,主要来自大豆皮。大豆饼粕色泽佳、风味好,适当的大豆饼粕仅含微量抗营养因子,不易变质,使用上无用量限制。大豆粕与大豆饼相比,脂肪含量较低,而蛋白质含量较高,且质量较稳定。先将大豆去皮,而后利用浸出法取油后的产品称为去皮大豆粕。近年来,该产品在饲用中有所增加,与大豆粕相比,去皮大豆粕的粗纤维含量低,一般在3.3%以下,蛋白质含量为48%~50%,营养价值较高。

（九）棉籽饼粕

棉籽饼粕又称棉仁饼粕,是棉籽经脱壳提取油脂后的副产品。不去壳棉籽饼粕的粗蛋白质含量在20%左右,粗纤维含量在20%以上,氨基酸不平衡,胆碱含量高。棉籽粕中含有棉酚,一般棉籽粕中游离棉酚含量为0.08%~0.12%,棉酚含量在40 mg/kg以下饲喂才安全。牛对棉酚的耐受力强,不易发生中毒问题,棉籽饼粕是反刍家畜良好的蛋白质来源。奶牛饲料中添加适当的棉籽饼粕可提高乳脂率,但用量超过精饲料的50%则影响适口性,同时乳脂会变硬。棉籽饼粕属便秘性饲料原料,应搭配芝麻饼粕等软便性饲料原料使用,一般用量以占精饲料的20%~35%为宜,特别是喂幼牛时,以低于精饲料的20%为宜,且应搭配胡萝卜素含量高的优质粗饲料。肉牛可以以棉籽饼粕为主要蛋白质饲料,但应同时提供优质粗饲料,再补充胡萝卜素和钙,才能获得良好的增重效果。

（十）菜籽饼粕

菜籽饼粕的粗蛋白质含量较高,为34%~38%；粗纤维含量较高,为12%~13%,有效能值较低。菜籽饼粕含有硫葡萄糖苷、芥子碱、植酸、单宁等抗营养因子,影响其适口性,若长期大量使用可引起牛甲状腺肿大。肉牛精饲料中使用5%~10%,对胴体品质无不良影响；奶牛精饲料中使用10%以下,产奶量和乳脂率正常。另外,低毒品种菜籽饼粕饲喂效果明显优于普通品种,可适当提高其用量,奶牛最高用量可达25%。

（十一）花生（仁）饼粕

花生（仁）饼的蛋白质含量约为44%,花生（仁）粕的蛋白质含量约为47%。花生（仁）饼粕的氨基酸组成不平衡,赖氨酸、蛋氨酸含量偏低；含有少量胰蛋白酶抑制因子；易感染黄曲霉，产生黄曲霉毒素，引起牛黄曲霉毒素中毒；对牛的饲用价值与大豆饼粕相当；有通便作用，饲喂过多易导致软便。

（十二）芝麻饼粕

芝麻饼粕的蛋白质含量较高，约为40%；氨基酸组成中蛋氨酸、色氨酸含量丰富，尤其是蛋氨酸含量高达0.8%以上，为饼粕类之首。另外，赖氨酸缺乏，精氨酸含量极高，比例严重失衡，配制饲料时应予以注意。芝麻饼粕是牛良好的蛋白质来源，可使被毛光泽良好，但过量饲喂会降低乳脂率，使体脂和乳脂变软，宜与其他蛋白质饲料配合使用。

（十三）玉米蛋白粉

玉米蛋白粉是玉米淀粉厂的主要副产物之一，为玉米除去淀粉、胚芽、外皮后剩下的产品，粗蛋白质含量为35%~60%，氨基酸组成不佳，蛋氨酸、精氨酸含量高，赖氨酸和色氨酸严重不足。玉米蛋白粉的粗纤维含量低，易消化，为高能饲料，叶黄素含量丰富，是较好的着色剂。玉米蛋白粉可作为牛的部分蛋白质源，因其比重大，可配合比重小的原料使用，精饲料添加量以30%为宜，过高则会影响牛的生产性能。在使用玉米蛋白粉的过程中，应注意霉菌含量，尤其是黄曲霉毒素含量。

（十四）糟渣类

糟渣类饲料包括酒糟、酒精糟、醋糟、酱油糟等。该类饲料的粗蛋白质含量相当丰富，占干物质的25%左右。由于经过发酵，细菌蛋白增加，因此其生物学价值得到提高。糟渣类饲料的无氮浸出物含量较低，约为干物质的33%。酒糟是育肥牛的良好饲料，但饲喂量不宜过大，因为酒糟含有一些残留酒精，饲喂过量会引起母牛流产或产死胎、弱胎。酱油糟的营养价值较高，但盐分过多，也不宜多喂。酒精糟因发酵原料和加工工艺的不同，其营养成分差异很大，除了糖类减少外，其他成分为原料的2~3倍，而且增加了维生素和发酵产物，并含有未知生长因子，故其为蛋白质、脂肪、维生素和矿物质的良好来源。酒精糟气味芳香，是牛的良好饲料，可作为蛋白质及能量来源，在牛的精饲料中用量可达50%。

（十五）非蛋白质含氮饲料

非蛋白质含氮饲料一般是指简单的含氮化合物，如尿素、缩二脲、铵盐等，可代替蛋白质饲料，以提供合成菌体蛋白所需要的氮，节省动植物性蛋白质饲料。以尿素为例，其含氮量为42%~46%，1 kg尿素的含氮量约相当于6 kg大豆饼。充分发挥牛利用尿素类非蛋白质含氮饲料合成菌体蛋白的生物学特性，是节约天然动植物性蛋白质饲料的重要途径。

一般来说，尿素进入瘤胃后不超过2小时即可被微生物尿素酶完全水解生成氨，导致瘤胃细菌来不及充分利用。如果氨量过大，超出微生物利用的能力，会造成浪费，严重的甚至会引起氨中毒。当日粮蛋白质含量较高时，不需要补充，而当日粮蛋白质含量较低时，补充适量的尿素等非蛋白质含氮饲料，能发挥更好的经济效益。尿素虽然是一

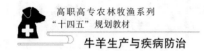

种很好的蛋白质补充饲料,可以为牛提供氮素,但不能提供其他营养。因此,利用尿素补充蛋白质时,必须同时补充能量、矿物质和维生素,才能收到应有的效果。

将以尿素为主的非蛋白质含氮饲料作为牛饲料时,需要注意以下几点。

1. 延缓尿素类饲料在瘤胃中的分解速度

延缓尿素类饲料在瘤胃中的分解速度,目的在于使微生物有充分的时间利用其分解产物——氨。通常采用以下方法:

(1) 选择分解较慢的非蛋白质含氮化合物作为饲料,如缩二脲、缩三脲、异丁基二脲等。

(2) 用保护剂处理尿素,如制成凝胶淀粉尿素,将15%的尿素和85%的淀粉质饲料混匀,在一定的温度、湿度和压力下加工成凝胶颗粒。

(3) 利用金属离子或尿素衍生物抑制脲酶的活性。

2. 增加微生物的合成作用

如补充适量的淀粉质饲料,特别是糊化淀粉,以满足微生物合成菌体蛋白对能量和碳架的需要。

3. 正确使用尿素类饲料

(1) 尿素用量一般不应超过总氮需要量的1/3。在高产牛日粮蛋白质已足够时,不要再加喂尿素。

(2) 尿素安全用量不要超过日粮干物质的1%。500 kg左右体重的成年牛,每天的尿素饲喂量在150 g左右。

(3) 因尿素吸湿性强,易分解为氨,因此,不能单独饲喂或溶于水中饲喂。饲喂后2小时内不能饮水,以免尿素直接流入皱胃,引起中毒。

(4) 尿素适口性差,最好加在混合精饲料中饲喂,或与淀粉质饲料、食盐等矿物质饲料制成尿素矿物质饲料砖,供牛舔食,或制成含尿素0.5%左右的青贮玉米料饲喂。

(5) 精饲料中添加尿素后,不能同时饲喂生豆饼,因为生豆饼中含有脲酶,在有水的情况下会使尿素分解,造成损失。

(6) 将每天要饲喂的尿素总量分多次进行饲喂,以利于稳定瘤胃中氨的浓度,避免浪费或中毒。

三、矿物质饲料

(一) 钠源性矿物质饲料

1. 氯化钠

氯化钠通常称为食盐,精制食盐含氯化钠99%以上,粗盐含氯化钠95%。纯净的食盐含氯60.3%,含钠39.7%,此外还含有少量的钙、镁、硫等。食用盐为白色细粒,工业用盐为粗粒结晶。

植物性饲料含钠和氯较少，含钾丰富。为了保持生理上的平衡，对以植物性饲料为主的家畜，应补饲食盐。食盐除了具有维持体液渗透压和酸碱平衡的作用外，还可刺激唾液分泌，改善饲料适口性，增强动物食欲，具有调味剂的作用。

草食家畜需要钠和氯较多，对食盐的耐受量较大，食盐的补充量要根据家畜的种类、体重、生产能力及季节、饲粮组成等来确定。补饲食盐时，除了直接拌在饲料中外，也可以以食盐为载体，制成微量元素添加剂预混料。在缺硒、铜、锌地区，也可以分别制成含亚硒酸钠、硫酸铜、硫酸锌或氧化锌的食盐砖、食盐块，供家畜舔食。由于食盐吸湿性强，在相对湿度75%以上时开始潮解，作为载体的食盐必须保持含水量在0.5%以下，并妥善保管。

2. 碳酸氢钠

碳酸氢钠俗称小苏打，为白色细小晶体，无臭，味咸，略具潮解性，其水溶液呈微碱性，受热易分解释放出二氧化碳。碳酸氢钠含钠27%以上，生物利用率高，是优质的钠源性矿物质饲料之一。碳酸氢钠不仅可以补充钠，更重要的是其具有缓冲作用，能够调节饲粮电解质平衡和胃肠道pH值。研究证实，在牛饲粮中添加碳酸氢钠，可以调节瘤胃pH值，防止精饲料型饲粮引起的代谢性疾病，促进牛增重，提高产奶量和乳脂率。一般碳酸氢钠的添加量为0.5%~2%，与氧化镁配合使用效果更佳。

（二）含钙、磷的矿物质饲料

钙和磷是一对相辅相成的矿物质元素，缺少其中任何一个，均对机体健康不利，比例不当时也会影响机体健康。牛常用含钙、磷的矿物质饲料如表1-2-1所示。

表1-2-1　牛常用含钙、磷的矿物质饲料

名称	钙/%	磷/%	备注
石粉	32.7	0.1	89%为碳酸钙
贝壳粉	37.0	0.0	
碳酸钙	40.0	0.0	
蛋壳粉	38.7	0.47	
骨粉（生）	23.0	10.0	
骨粉（蒸）	31.6	14.6	
磷酸钙	33.0	14.0	
磷酸氢钙	23.0	20.0	
脱氟磷灰石	38.0	20.0	
磷酸氢钠	0.0	25.8	含钠19.5%
磷酸氢二钠	0.0	21.98	含钠32.38%
磷酸	0.0	31.9	

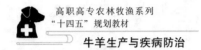

(三) 其他矿物质饲料

1. 含硫饲料

一般认为动物所需要的硫为有机硫，如蛋白质中的含硫氨基酸等，因此蛋白质饲料是动物的主要硫源。但近年来，研究认为无机硫对动物也具有一定的营养意义。同位素试验表明，牛瘤胃中的微生物能有效地利用无机含硫化合物，如硫酸钠、硫酸钾、硫酸钙等，合成含硫氨基酸和维生素。硫元素能促使牛瘤胃内纤毛虫加速繁殖，积极参与蛋白质和脂肪的代谢及氧化过程，还可与有害的酚化合物形成苯硫酸而起解毒的作用，促进含硫氨基酸的合成，增强机体的抵抗力，提高奶牛的产奶量、乳蛋白率和乳脂率。

硫的来源有蛋氨酸、胱氨酸、硫酸钠、硫酸钾、硫酸钙、硫酸镁等。对于牛来说，蛋氨酸中硫利用率为 100%，硫酸钠中硫利用率为 54%，元素硫的利用率为 31%。需要注意的是，硫的补充量不宜超过饲料干物质的 0.05%。

2. 含镁饲料

饲料中含镁丰富，一般均在 0.1% 以上，因此不必另外添加。但早春牧草中镁的利用率很低，有时会使放牧家畜因缺镁而出现"草痉挛"，故对放牧的牛及用玉米作为主要饲料并补加非蛋白质含氮饲料饲喂的牛，常需要补充镁。常用的含镁饲料为氧化镁，也可选用硫酸镁、碳酸镁、磷酸镁等。

四、饲料添加剂

饲料添加剂是指在饲料生产加工、使用过程中添加的少量或微量的物质，在饲料中用量很少但作用显著。饲料添加剂是现代饲料工业必然使用的原料，在强化基础饲料营养价值、提高动物生产性能、保证动物健康、节省饲料成本、改善畜产品品质等方面有明显的效果。牛饲料添加剂对提高产奶量、改善乳成分、减少产奶应激、促进增重、提高饲料报酬等具有明显作用。

(一) 微量元素添加剂

为动物提供微量元素的矿物质饲料称为微量元素添加剂。在饲料添加剂中应用最多的微量元素是铁、铜、锌、钴、锰、碘和硒，这些微量元素除了为动物提供必需的养分外，还能激活或抑制某些维生素、激素和酶，对保证动物的正常生理功能和物质代谢有着极其重要的作用。

由于动物对微量元素的需要量极少，其添加剂的生产必须进行预混合加工。我国当前生产和使用的微量元素添加剂品种大部分为硫酸盐，而碳酸盐、氯化物和氧化物较少。硫酸盐的生物利用率较高，但因其含有结晶水，易使添加剂加工设备腐蚀。由于化学形式、产品类型和规格及原料细度不同，饲料中补充微量元素的生物利用率差异很大。为了提高微量元素的吸收率，近年来也使用有机酸盐类和微量元素氨基酸螯合物。

（二）维生素添加剂

维生素是最常用的一类重要的饲料添加剂。维生素添加剂主要用于补充天然饲料中的某种维生素、提高动物抗病或抗应激能力、促进动物生长、提高畜产品的产量和质量等。各国饲养标准所确定的需要量为畜禽对维生素的最低需要量，是设计和生产添加剂的基本依据。考虑到实际生产应用中许多因素的影响，饲粮中维生素的添加量都要在饲养标准所列需要量的基础上加"安全系数"。在某些维生素单体的供给量上常常以 2~10 倍设计添加量，以保证满足畜禽生长发育的需要。

牛可以通过瘤胃合成 B 族维生素、维生素 K 和维生素 C，因此，在其饲料中一般不用添加这几种维生素。而脂溶性的维生素 A、维生素 D、维生素 E 必须在牛饲料中添加。对于高产奶牛，烟酸、胆碱、硫胺素等的合成量不足，需要考虑在其饲料中适量添加。

（三）瘤胃缓冲剂

牛借助于复杂的酸碱平衡系统，维持瘤胃 pH 值在 5.5~7.0，而瘤胃 pH 值是牛保持正常消化功能的一个基本标志。在饲料中加入缓冲剂可以有效保持瘤胃 pH 值稳定，从而有利于维生素、淀粉的充分利用和菌体蛋白的合成，也有助于提高采食量、增加产奶量和维持正常的乳成分，避免由代谢紊乱导致的酮病和酸中毒。生产中常用的缓冲剂有碳酸氢钠、氧化镁等。

1. 碳酸氢钠

碳酸氢钠可调节瘤胃 pH 值，增进食欲，减缓对饲料营养成分的降解速度，加强菌体蛋白在瘤胃内的合成，提高机体对营养素的消化吸收，从而提高牛的生产性能，增强机体的免疫力。尤其是对常年饲喂青贮饲料和精饲料量偏高的高产奶牛效果更好。适宜添加量为每头每天 150 g。

2. 氧化镁

氧化镁是畜禽代谢的一种缓冲剂，能促进血液中乙酸盐和硬脂酸盐向乳腺输送和提高脂蛋白酶活性，从而提高乳脂率；还可作为镁源，用作牛的饲料。研究者在奶牛基础日粮中添加 1.5% 的碳酸氢钠和 0.8% 的氧化镁，可使每头奶牛日产奶量提高 2.3 kg，乳脂率提高 0.41%。

（四）乙酸盐

乙酸是合成乳脂肪的前体，牛奶中 50% 的脂肪酸由乙酸合成。日粮中添加的乙酸盐进入奶牛消化道后，被分解成乙酸根和钠离子，这时奶牛体内的乙酸含量增加，这有利于牛奶中短链脂肪酸的合成，提高乳脂率。同时，乙酸盐可改善瘤胃环境的酸碱平衡，为有益微生物的繁殖创造条件，促进奶牛对各种营养物质的分解、消化和吸收，提高产奶量。此外，乙酸盐具有防霉、防腐的作用，可保证饲料的良好品质。

（五）过瘤胃氨基酸

目前，研究较多的是蛋氨酸，因为蛋氨酸为第一限制性氨基酸，而且在微生物蛋白质中较为缺乏。对氨基酸实行过瘤胃保护后，可避免其在瘤胃中降解，以保证其在到达小肠后才被机体吸收。在牛日粮中添加过瘤胃氨基酸，可增加瘤胃中微生物的数量，提高纤维素的消化率，从而提高乙酸和丙酸的比例，提高牛的生产性能。

1. 蛋氨酸锌

蛋氨酸锌是蛋氨酸和锌的螯合物，具有抵制瘤胃微生物降解的作用。与氧化锌相比，蛋氨酸锌中的锌具有相似的吸收率，但吸收后代谢率不同，从尿中的排出量更低，血浆锌的下降速度更慢。在奶牛日粮中添加蛋氨酸锌能够提高奶牛的产奶量，并降低牛奶中体细胞数。在生产实践中，蛋氨酸锌还具有硬化蹄面和减少蹄病的作用。蛋氨酸锌的添加量一般为每头每天 5~10 g，或占日粮干物质的 0.03%~0.08%。

2. 蛋氨酸羟基类似物

蛋氨酸羟基类似物（MHA）在化学性质上与蛋氨酸一样，但能抵抗瘤胃微生物的降解，促进脂蛋白的合成，提高纤维素的消化率，提高丙酸和乙酸的比例，等等。多数研究认为，添加 MHA 虽然对提高产奶量的效果不明显，但能提高乳脂率和校正乳的产量。在奶牛日产奶平均水平高于 23 kg、精饲料比例高于 50%、日粮蛋白质水平低于 15% 的情况下，每头奶牛每天添加 MHA 的量为 20~30 g 或占日粮干物质的 0.15%，效果良好。

（六）酶制剂

酶制剂可破坏植物性饲料的细胞壁，使营养物质释放出来，提高营养成分尤其是粗纤维的利用率。此外，酶制剂还可消除抗营养因子。国外学者通过糖基化方法制成了瘤胃中稳定的纤维素酶制剂，使外源纤维素酶在牛饲料中的使用成为可能。研究结果表明，添加瘤胃中稳定的酶制剂，可使干物质和六碳糖的活体外消化率提高，挥发性脂肪酸产生量增加。给奶牛每天喂 15 g 瘤胃稳定纤维素酶，可使产奶量提高 7%~14%，且乳蛋白质含量不会改变。

模块二　牛饲料的加工调制

牛的饲料虽然种类较多，但在未加工前普遍存在利用率不高和适口性差的问题，尤以粗饲料为甚。以干草和秸秆为代表的粗饲料来源丰富，是牛的主要饲料，特别是在当前我国大力发展节粮型畜牧业的情况下，如何充分利用饲草资源，通过加工处理，以改善饲草的适口性和提高饲草的利用率，更具重要的实际意义。

一、青贮饲料的加工调制

青贮是利用微生物的发酵作用，长期保持青绿多汁饲料的营养特性，扩大饲料来源的一种经济而可靠的饲料调制方法，是保证家畜青绿多汁饲料常年均衡供应的有效措施。青贮饲料具有气味酸香、柔软多汁、适口性好等特点，是冬季饲养家畜，尤其是饲养牛的一种不可缺少的饲料。

（一）青贮原理

青贮的基本原理就在于控制饲料中各种微生物的活动。首先，通过充分压实的方法将饲料中的大部分氧气排出；其次，利用植物细胞的呼吸作用和微生物的活动将残余的氧气耗尽，使其达到厌氧状态。此时，乳酸菌繁殖加快，并将饲料中的糖分分解成以乳酸为主的有机酸。当有机酸积累到一定量时，pH 值降至 3.8~4.2，此时，包括乳酸菌在内的微生物受到抑制，生命活动停止，从而使饲料得以长期保存。参与青贮过程的微生物有多种。新鲜青绿饲料上带有细菌、酵母菌、霉菌等各种微生物，其中，以腐败菌数量最多，乳酸菌数量则最少。

（二）青贮的发酵过程

根据青贮饲料中微生物活动的特点，可将整个青贮过程分为以下三个阶段。

1. 预发酵期

青贮原料装填完毕且密封后，由于青贮原料间仍存在着少量的空气，附着在原料上的好氧性和厌氧性微生物便开始旺盛生长。这些微生物包括腐败菌、酵母菌、霉菌等，主要是大肠杆菌和产气杆菌。这样，活的植物细胞的呼吸作用、酶的活动及微生物的发酵作用使青贮原料间残留的少量氧气很快被耗尽，并产生大量二氧化碳、氢气和部分醇类，同时还产生少量有机酸，如乙酸、琥珀酸、乳酸等。

2. 发酵期

随着原料间的氧气被耗尽，逐渐形成厌氧环境，好氧性微生物的活动受到抑制。同时，随着有机酸的不断积累，pH 值下降，形成了不利于腐败菌和丁酸菌继续生长的环境，而乳酸菌则可大量繁殖。当乳酸继续积累到一定程度，pH 值下降到 5.0 以下时，大多数微生物的活动受到抑制。

3. 酸化成熟期

由于大肠杆菌的繁殖，先形成乙酸，然后乳酸链球菌开始繁殖，接着黄瓜乳酸菌和短乳杆菌的活动增强，乳酸积累量持续上升，pH 值不断下降，青贮原料进一步酸化成熟。pH 值下降到 4.5 以下后，其他微生物的活动逐渐减弱，无芽孢细菌开始死亡，而有芽孢细菌则以芽孢的形式存活下来。

4. 保存期

当原料中的乳酸积累到一定程度时，乳酸菌的活动也开始受到抑制。随着 pH 值继续下降，待达到 4.0~4.2 时，原料中乳酸积累量约为 1.5%~2.0%，原料中的糖分全部耗尽，乳酸菌活动完全停止，开始死亡。最后，乳酸菌数量逐渐减少，青贮饲料在酸性、厌氧的环境中完全成熟，得以长期保存。

（三）青贮的设施及条件

1. 青贮的设施

青贮的场所应选在地势高且干燥、土质坚硬、地下水位低、靠近畜舍、远离水源和粪坑的地方。青贮建筑物应牢固坚实，不透气，不漏水。青贮建筑物内壁应光滑平坦，方形建筑物的四角应砌成圆形，不留死角，便于原料装填。青贮窖的内壁要有一定的斜度，上大下小，便于压实。青贮窖的底部应高出地下水位 0.5 m 以上，且最好有一定的坡度。青贮窖的宽度应小于深度，一般以 1∶2 至 1∶1.5 为宜，以利于青贮原料依靠本身重量自沉压实。

青贮设备分为六大类型：竖式窖、卧式窖、活动墙青贮窖、塑料窖、真空窖、塑料袋。我国目前采用的青贮建筑物有青贮塔、青贮窖和青贮壕三类。近年又出现了青贮塑料袋。

（1）青贮塔。青贮塔分全塔式和半塔式两种。青贮塔由于取出口较小，深度较大，饲料自重压实程度大，空气含量少，贮存损失小，但建筑费用高，我国仅大型牧场采用。

（2）青贮窖。青贮窖有地下式、半地下式和地上式三种。通常根据当地地下水位的高低决定采用何种形式。青贮窖壁用砖砌成，四周涂抹防酸水泥，使其光滑坚实。窖底应留排水口。青贮窖结构简单，成本低，易推广，但不便于机械化作业。

（3）青贮壕。青贮壕多建于山坡一侧，底部和四壁最好用水泥涂抹光滑。底部向一侧倾斜，以便排水。一般深度为 3.5~7 m，宽度为 4.5~6 m，长度为 10~30 m。青贮壕造价低，有利于机械化作业，但易因积水导致饲料霉烂。

（4）青贮塑料袋。这是近年新兴的青贮技术，具有省工、投资低、操作简便、贮存地点灵活等优点，特别适合农村养殖户。袋装青贮所用的塑料袋一般为厚 8~10 μm 的聚乙烯薄膜。每袋装贮数量依塑料袋的大小而定，一般以每袋装贮 20 天左右喂量为好。装完后将袋口扎紧，分层放置在棚架上，最上层用重物压住。

青贮设施的大小应根据家畜饲养规模、生产条件及场地规划要求来定。一般青贮窖、青贮壕每立方米可贮料 500~600 kg，青贮塔每立方米可贮料 650~750 kg。青贮设备的容量因青贮原料不同差异很大（表 1-2-2）。

表 1-2-2　青贮设备对各种原料的容量

原料	容量/（kg·m^{-3}）
玉米秸秆	450~500
带穗玉米	500~600
块根块茎类	800~850
牧草	600
叶菜类	610

2. 调制优良青贮饲料应具备的条件

（1）优良的原料、适宜的含糖量是青贮饲料调制成功的先决条件。为了保证乳酸菌能够正常繁殖，形成足够的乳酸，青贮原料必须含有最低需要量的糖分，青贮原料含糖量通常不得低于鲜重的1.0%~1.5%，否则，不能形成足够的乳酸，青贮发酵很容易失败。

根据含糖量的高低，可将青贮原料分为以下三类：

第一类为易青贮的原料。这类原料通常含有丰富的可溶性碳水化合物，如玉米、高粱及大多数禾本科牧草和饲料作物。

第二类为不易青贮的原料。这类原料碳水化合物含量较低，调制颇为困难，须加入其他糖分含量较高的原料混合贮存，或加入某些添加剂方能贮存成功，各种豆科牧草和饲料作物均属此类。

第三类为不能单独青贮的原料。这类原料因含糖量极低，只能与其他易青贮的原料混合贮存，或加入有机酸等添加剂才能贮存成功。

（2）适宜的含水量是保证乳酸菌正常繁殖的重要条件。青贮原料适宜的含水量因原料长短、质地等而异。一般情况下，最适于乳酸菌繁殖的原料含水量为65%~75%，豆科牧草以60%~70%为宜，质地粗硬的原料以75%~80%为宜，而柔嫩多汁的原料以60%为宜。

对于含水量过高或过低的原料，青贮时应进行调节。对于含水量过高的原料，应稍加晾干或直接掺入适量干饲料后再进行青贮。

（3）创造厌氧环境是青贮能够获得成功的重要保证。为了便于装填时压实，形成厌氧环境，必须将原料适度切短，使植物细胞液渗出，湿润饲料表面，以利于乳酸菌的繁殖。禾本科牧草和豆科牧草一般切成3~5 cm，玉米则切成2~3 cm。

（四）青贮饲料调制技术

1. 常规青贮法

我国现有的、最常用的青贮调制工艺有分段收获调制法和联合收获调制法（通用型全幅收获工艺）。前者的工艺流程为：收割—搂集—装车—运输—卸车—切碎—装填—压实—密封。后者的工艺流程为：收割—切碎—输送—拖车—运输—装填—压实—密封。

上述两种工艺虽因设备、原料特性、添加物种类等的不同而有所不同，方法上也有一定差异，但制作步骤基本相同。常规青贮的步骤如下：

（1）适时收割。优质青贮原料是调制优良青贮饲料的物质基础。适期收割，不仅可从单位面积上获得最大营养物质产量，而且水分和可溶性碳水化合物含量适当，有利于乳酸发酵，易于制成优良青贮饲料。常用青贮原料适宜的收割期如表1-2-3所示。

表 1-2-3　常用青贮原料适宜的收割期

青贮原料种类	收割适期
全株玉米（带果穗）	蜡熟期收割，如遇霜害，也可提前到乳熟期收割果穗成熟，玉米秆下部 1~2 片叶枯黄时，立即收割，或玉米七成熟时，削尖（割收果穗后的玉米头）青贮，但削尖时，果穗上部要保留一片叶
豆科牧草及野草	现蕾期至开花初期
禾本科牧草	孕穗期至抽穗期
甘薯藤蔓、马铃薯茎叶	霜前或收薯前 1~2 天

（2）切短。青贮原料收割后，应立即运至贮存地点切短青贮。小批量青贮，可用铡刀铡短；大规模青贮，则须用青贮料切碎机切短。大型青贮料切碎机每小时可切 5~6 t，最高可达 8~12 t；小型青贮料切碎机每小时可切 250~800 kg。目前，国外及我国部分国有农场已利用青贮玉米联合收获机收割，在地里将割下的玉米直接切碎，由汽车或拖拉机送回直接装入青贮窖内。

（3）装填。铡短的青贮原料，应及时装填。装填前，在窖底部先填一层 10~15 cm 厚的切短秸秆或干草，以便吸收多余的青饲料汁液。在窖壁四周可铺设塑料薄膜，以加强密封，防止漏气、透水。此外，应根据青贮原料含水量的多少进行水分调节。特种青贮时应进行添加物的补加混合。装填青贮原料时应逐层装入，每次（层）装 20~30 cm 厚，即应踩实，然后再继续装填。高水分原料添加干粗饲料，或不易青贮原料添加富含碳水化合物的饲料如糠麸、谷实类等混合青贮时，干粗饲料或糠麸、谷实类等亦应与青饲料间层装填，或分层混合青贮。装填时，应特别注意紧实，四角与靠壁的地方尤其应注意。边装边踩实，一直装满窖并超出 0.8~1 m 为止。长形窖、青贮壕或地面青贮时，可用履带式拖拉机碾压，小型窖亦可用人力或畜力踩实。青贮原料紧实程度是青贮成败的关键之一，青贮原料紧实程度适当，发酵完成后饲料下沉不超过深度的 10%。

（4）密封。严密封窖，防止漏水、透气是调制优良青贮饲料的一个重要环节。青贮容器密封不好，进入空气或水分，会造成腐败菌、霉菌等大量繁殖，使青贮原料变质。

青贮原料装填到超过窖口 60 cm 以上时，即可加盖封顶。封顶时先盖一层切短藁秆或软草（厚 20~30 cm）或铺盖塑料薄膜，然后再用土覆盖拍实，厚约 30~50 cm，并做成馒头形，以利于排水。

（5）管理。青贮窖密封后，为防止雨水渗入窖内，在距离窖四周约 1 m 处应挖沟排水。以后应经常检查，窖顶有裂缝时，应及时覆土压实，防止漏气，防止雨水渗入。

（6）青贮窖的启封。经过 20~30 天的青贮发酵，即可开窖启用。为了保证青贮饲料的品质，防止氧化变质，开窖时，宜从窖的一侧沿剖面开启。从上到下，随用随取，切忌一次开启的剖面过大，否则，容易导致二次发酵。开启后，窖中的饲料必须连续取用，中间间隔天数多时，应在取用完毕后封窖。

（7）二次发酵的预防。发酵完成后，由于开窖后剖面太大，大量空气进入窖内，导致好氧性微生物如霉菌等的繁殖，饲料温度上升，最后霉烂变质，这种现象称为二次发酵。避免二次发酵的主要措施就是严格按照青贮操作规程选择原料、压实、密封、随用随取。

2. 特种青贮法

青贮原料因植物种类、生长阶段、化学成分等不同，青贮难易程度亦有不同。难青贮植物采用普通青贮法，一般不易制成优良青贮饲料，必须进行适当处理，或添加某些添加剂，青贮才能成功，青贮饲料品质才能得到保证，这种青贮方法叫特种青贮法。美国、挪威、英国、瑞典等国家已经在青贮饲料添加剂的使用方面取得了明显成效。特种青贮法对青贮发酵的作用主要表现在以下三个方面：一是促进乳酸发酵，如添加各种可溶性碳水化合物，接种乳酸菌、添加酶制剂等青贮，可迅速产生大量乳酸，pH值便很快达到3.8~4.2；二是抑制不良发酵，如添加各种酸类、抑菌剂，凋萎或半干青贮，可阻止腐败菌和酪酸菌的生长；三是提高青贮饲料中营养物质的含量，如添加尿素、氨化物等，可提高青贮饲料中粗蛋白质水平。

下面简要介绍国内外常用的几种特种青贮法。

（1）加酸青贮法。

对于难以青贮的原料，加一定量的无机酸或缓冲液，可使pH值迅速降至3.0~3.5，腐败菌和霉菌的活动受到抑制，促进青贮原料迅速下沉、正常发酵，从而达到长期保存的目的。所使用的酸以有机酸为主，目前国内外饲料青贮中添加的有机酸主要有甲酸、乙酸、丙酸、己酸、乳酸、苯甲酸、丙烯酸、柠檬酸、山梨酸等。

甲酸：青贮饲料采用的甲酸浓度多在85%以下，用量一般是每吨青贮原料添加85%的甲酸2.85 kg。添加甲酸后，青贮原料最初的pH值下降，从而为乳酸菌的生长繁殖创造适宜的条件，抑制其他杂菌的生长，减少青贮过程中一些好气和厌氧发酵造成的损失。同时，添加甲酸可提高饲料中水溶性碳水化合物的含量，有效地防止蛋白质水解，有助于青贮饲料中蛋白质和能量的保存，提高家畜的采食量和干物质的消化率。

乙酸和丙酸：在苜蓿、黑麦草青贮中添加乙酸，几乎和添加甲酸一样有效，只是家畜对添加乙酸的青贮饲料采食量较低。丙酸不但是最有效的防霉剂，还可控制发酵过程中氨态氮的产生及青贮过程中温度的变化，并能刺激乳酸菌生长，提高家畜采食量。但丙酸的添加效果并不如甲酸。

（2）加甲醛青贮法。

甲醛不但能抑制微生物繁殖，还可与蛋白质分子结合形成甲醛合氮，提高结合蛋白质的能力,并能减弱瘤胃微生物对蛋白质的降解,保护植物蛋白质免受瘤胃微生物的破坏。同时,添加甲醛也可减少青贮过程中蛋白质的降解。因此,此法特别适用于饲喂牛的高蛋白青饲料。使用剂量通常为每 100 kg 青贮原料添加 0.5% 的甲醛 0.1~0.66 kg。

(3) 加食盐青贮法。

在青贮原料中添加食盐有利于细胞液渗出,促进乳酸发酵,改善适口性,提高青贮饲料的品质。尤其在青贮原料含水量较低、质地粗硬的情况下,添加食盐青贮的效果更好。此外,食盐还具有破坏某些饲料毒素的作用。食盐的添加量一般为 0.2%~0.5%。

(4) 添加氨化物青贮法。

在青贮原料中添加尿素、硫酸铵、氯化铵等氨化物,通过微生物的作用合成菌体蛋白,从而提高青贮饲料的营养价值。一般情况下,添加 0.3%~0.5% 的尿素或硫酸铵,可使每千克青贮饲料中可消化蛋白质增加 8~11 g。

(5) 添加酶制剂青贮法。

以淀粉酶、纤维素酶、半纤维素酶和糊精酶为主的复合酶制剂,可使饲料中的多糖水解为单糖,有利于乳酸发酵,并可减少养分损失,提高青贮饲料的营养价值。添加剂量通常为 0.01%~0.25%。

(6) 半干青贮法。

半干青贮法又称低水分青贮法。半干青贮的原理是,青饲料收割后,经风干,水分含量达 45%~50% 时,植物细胞的渗透压达 55~60 个大气压,对包括腐败菌、酪酸菌和乳酸菌在内的微生物形成生理性干旱,使其生长繁殖受到抑制,从而使饲料得以保存。

根据低水分青贮的基本原理和特点,制作时,青贮原料应迅速风干,要求在收割后 24~30 小时内,豆科牧草含水量降至 50%,禾本科牧草含水量降至 45%,且原料须切短,装填须紧实,封窖须严密,以防透气、漏水。

气候条件差,不能在短时间内使青饲料含水量迅速下降到 40%~50% 时,亦可凋萎至含水量 60%~70% 时进行凋萎青贮(亦称半鲜草青贮),或将风干或晒干至含水量 40%~50% 的半干青饲料与新收割的青饲料混合青贮。

(五) 青贮饲料的品质鉴定

青贮饲料品质的优劣与原料种类、收割时期、调制方法及管理技术紧密相关。经过 15~20 天贮存后,即可开窖进行品质鉴定,以判断青贮饲料的品质是否符合要求。

1. 感官鉴定

感官鉴定主要根据青贮饲料的颜色、气味、质地等进行,生产实践中多采用此方法,其鉴定标准如表 1-2-4 所示。

表 1-2-4　青贮饲料感官鉴定标准

等级	颜色	气味	酸味	结构
优等	青绿色或黄绿色，富有光泽	有芳香酒酸味，香味浓	强烈	湿润适度、紧密，茎、叶、花保持原状，易分离
中等	黄褐色或暗褐色	有芳香酒酸味，香味淡	中等	湿润过度，质地柔软，茎、叶、花大部分保持原状，易分离
劣等	黑色或褐色、暗墨绿色	无芳香酒酸味，有刺激臭味	较淡	干燥或黏结成块，茎、叶、花无明显结构

2. 实验室鉴定法

在感官鉴定的基础上，还可用酸度计或石蕊试纸测定青贮饲料的 pH 值。当 pH 值为 3.8~4.2 时，为优等；当 pH 值为 4.3~5.0 时，为中等；当 pH 值在 5.0 以上时，为劣等。此外，还可根据青贮饲料中有机酸（乳酸、乙酸、丁酸等）的含量来进一步确定其等级。

二、秸秆饲料的加工调制

（一）秸秆的物理处理

1. 秸秆切短、粉碎及软化处理

把秸秆切短、撕裂、粉碎、浸泡或蒸煮软化等，都是人们普遍熟知的处理秸秆用于养畜的方法。这些方法在我国农村早已被证明是行之有效的，正如农谚说："寸草铡三刀，无料也上膘。"切短、粉碎及软化秸秆，有助于家畜咀嚼，改善秸秆的适口性，提高采食量和利用率，秸秆切短的适宜程度因家畜种类、年龄的不同而不同，一般以 3~4 cm 为宜。秸秆的切短、粉碎及软化，都以使秸秆的适口性得到改善为目的，并不能提高秸秆的营养价值。

2. 秸秆揉搓处理

秸秆切短后直接喂家畜，吃净率只有 70%，虽然改善了秸秆的适口性和提高了采食量，但因吃净率低，仍有很大程度的浪费。经试验，使用揉搓机将秸秆揉搓成丝条状直接喂牛，吃净率可提高到 90% 以上。使用揉搓机将秸秆揉搓成柔软的丝条状后进行氨化，不仅氨化效果好，而且可进一步提高吃净率。

3. 秸秆热喷处理

新型饲料热喷技术是内蒙古自治区农牧业科学院经过多年的时间研制成功的。其原理是利用热喷效应，使饲料木质素溶化，纤维结晶度降低，饲料颗粒变小，总面积增加，从而达到提高家畜年采食量和消化率及杀虫、灭菌的目的。

利用这项技术对秸秆、秕壳、劣质蒿草、灌木、林木副产品等粗饲料进行热喷处理，使全株采食率由不足 5% 提高到 95% 以上，消化率达到 50%，两项叠加可使全株利用率提高 2~3 倍。结合氨化对饲料进行迅速的热喷处理，可将氨、尿素、氯化铵、碳酸铵、磷酸铵等多种工业氮源安全地用于牛的饲料中，使饲料的粗蛋白质水平成倍地提高。另外，饲料热喷技术还具有对菜籽饼、棉籽饼、蓖麻饼、生大豆等含毒素原料进行热去毒的功能，使这些高蛋白副产物得以充分利用。试验表明，用热喷玉米秸代替奶牛 28.5% 的干草饲喂，产奶量、乳脂率差异显著，每头母牛每年可节约干草 1 000 kg，按饲养 500 头奶牛标准计算，一年可节约饲草费 8 万元，一年就可收回设备成本。

（二）秸秆的化学处理

用氢氧化钠、氨、石灰、尿素等碱性化合物处理秸秆，可以打开纤维素和半纤维素与木质素之间的对碱不稳定的酯链，溶解半纤维素和一部分木质素，使纤维素膨胀，从而使瘤胃液易于渗入。化学处理不仅可以提高秸秆的消化率，而且能够改善适口性，增加采食量，这是目前生产实践中较实用的一种途径。

1. 秸秆的碱化处理

碱化处理是用碱溶液处理秸秆。一是石灰液处理法，用 100 kg 切碎的秸秆，加 3 kg 生石灰或 4 kg 熟石灰，食盐 0.5~1 kg，水 200~250 L，浸泡 12 小时或一昼夜捞出晾 24 小时即可饲喂。二是氢氧化钠液处理法，100 kg 切碎的秸秆，用 6 kg 的 1.6% 的氢氧化钠溶液均匀喷洒，然后洗去余碱，制成饼块，分次饲喂。秸秆经碱化处理后，有机物质的消化率由原来的 42.4% 提高到 62.8%，粗纤维的消化率由原来的 53.5% 提高到 76.4%，无氮浸出物的消化率由原来的 36.3% 提高到 55.0%。

2. 秸秆的氨化处理

秸秆的氨化处理是成本低廉、经济效益显著的粗饲料加工方法之一。氨化的原理是利用氨溶于水中形成氢氧化铵，使秸秆软化，秸秆内部木质素膨胀，提高秸秆的通透性，便于消化酶与之接触，因而有利于纤维素的消化；氨与秸秆有机物产生作用，生成铵盐和含氮的络合物，使秸秆的粗蛋白质含量从 3%~4% 提高到 8% 以上，从而大大提高了秸秆的营养价值。秸秆氨化后消化率可提高 20% 左右，采食量也相应提高 20% 左右，其适口性和家畜的采食速度也能得到改善和提高，总营养价值可提高 1 倍，达到 0.4~0.5 个饲料单位，即 1 kg 氨化秸秆相当于 0.4~0.5 kg 燕麦的营养价值。

秸秆氨化处理依采用的氮源不同而分为以下三种方法。

(1) 液氨氨化法。

给切短的秸秆喷适量水分，使其含水量达到 15%~20%，混匀堆垛，在长轴的中心埋入一根带孔的硬塑料管，以便通氨，用塑料薄膜覆盖严密，然后按秸秆质量的 3% 通入无水氨，处理结束，抽出硬塑料管，堵严。密封时间依环境温度的不同而异，气温 20 ℃ 为 2~4 周。揭封后晒干，氨味自行消失，然后粉碎饲喂。

（2）氨水氨化法。

预先准备好装秸秆原料的容器（窖、池、塔等），将切短的秸秆往容器里放，按1∶1的比例（质量比）往容器里均匀喷洒3%浓度的氨水。装满容器后用塑料薄膜覆盖，封严，在20 ℃左右气温条件下密封2~3周后开启（夏季约1周，冬季则要4~8周，甚至更长），将秸秆取出后晒干即可饲喂。

（3）尿素氨化法。

由于秸秆中含有尿素酶，将尿素或碳酸氢铵与秸秆贮存在一定温度和湿度下，能分解出氨，因此使用尿素或碳酸氢铵处理秸秆均能获得近似氨的效果。方法是按秸秆质量的3%加尿素，首先将3 kg尿素溶解在60 kg水中均匀地喷洒到100 kg秸秆上，逐层堆放，用塑料膜覆盖，也可利用地窖进行尿素氨化处理切碎的秸秆，具体方法同液氨处理，只是时间稍长一些。在尿素短缺的地方，用碳酸氢铵也可进行秸秆氨化处理，其方法与尿素氨化法相同，只是由于碳酸氢氨含氨量较低，其用量须酌情增加。

研究结果表明，液氨氨化法和尿素氨化法处理秸秆效果最好。用液氨氨化效果虽然好，但必须使用特殊的高压容器（氨瓶、氨罐、氨槽车等），从而增加了成本，也增加了操作的危险性。相比之下，尿素氨化不但效果好，操作简单、安全，也无须任何特殊设备，适合千家万户使用。

三、青干草的加工调制

我国的牧草资源在生产上存在着季节的不平衡性，贮备干草为牛提供均衡牧草，对于减少冬春季节牛死亡、发展草原区畜牧业具有重要意义。调制干草方法简便，原料丰富，成本低，便于长期大量贮藏。

（一）三种简单实用的干燥方法

1. 地面干燥法

用地面干燥法干燥牧草的具体过程和时间，随地区气候的不同而有所差异。牧草收割后，先在草场就地干燥6~10小时，使之凋萎，含水40%~50%（茎开始凋萎，叶子还柔软，不易脱落）。用搂草机搂成松散的草垄，使牧草在草垄上继续干燥4~5小时，含水35%~40%（叶子开始脱落以前）。用集草器集成小草堆，牧草在草堆中干燥1.5~2天就可制成干草（含水15%~18%）。

2. 草架干燥法

在潮湿地区，由于牧草收割时多雨，用一般地面干燥法调制干草，往往不能及时干燥，使得干草变褐、变黑，发霉或腐烂，因此在生产实践中可以采用草架干燥法来晒制干草。

用草架制干草时，首先把割下来的牧草铺在地面上干燥半天或一天，使其含水量降至45%~50%，无论天气好坏都要及时用草叉将草自上而下上架。最底层应高出地面，不与地面接触。这样既有利于通风，也避免与地面接触吸潮。堆放完毕后应将草架两侧的牧草整理平顺，这样遇雨时，雨水可沿其侧面流至地表，减少雨水渗入草内。

在草架上干燥可以大大提高牧草的干燥速度，保证干草品质，减少各种营养物质的损失。用此法调制的干草，其营养物质总获得量比地面干燥法多得多。

3. 高温快速干燥法

它的工艺过程是将切碎的青草（长约25 mm）快速通过高温干燥机，再由粉碎机粉碎成粒状或直接压制成草块。这种方法主要用来生产干草粉或干草饼。

（二）青干草的堆垛与贮藏

青干草调制成后，必须及时堆垛贮藏，以免散乱损失。一般地，堆垛贮藏的青干草水分含量不应超过18%，否则容易发霉、腐烂。另外，草垛应坚实、均匀，尽量缩小受雨面积。

1. 青干草的堆垛

（1）垛址选择。宜选地势平坦、干燥、排水良好的地方堆垛，垛址离舍不宜太远。

（2）垛底。垛底应该用石块、木头、秸秆等垫起铺平，高出地面40~50 cm，四周有排水沟。

（3）垛的形状和大小。草垛的种类很多，一般多采用圆形和长方形两种，不论哪种形状，均应由下到上逐渐扩大，顶部收缩成圆顶，形成下狭、中间大、上圆的形状。草垛的大小，圆形一般直径4~5 m，高6~6.5 m；长方形一般宽4.5~5 m，高6~6.5 m，长8~10 m。

（4）草垛的堆积。先在垛底中部放置30~60 cm高的石块。堆时分层进行，每层由外及里摆放牧草，使之成为外部稍低、中间隆起的弧形，每层30~60 cm厚，草垛堆到一定程度后，进行扩大和收缩，直至成圆顶。堆成一段后，再向前移动，直到草垛全部堆成。

（5）封顶。一般可用干燥的杂草和麦秸覆盖顶部，并应逐层铺压。垛顶不应有凹陷和裂缝。草垛顶脊必须用草绳或泥土封压坚固，以防大风吹刮。

2. 青干草的贮藏

为了保证垛藏的干草品质和避免损失，在干草的贮藏技术中应做到以下四点。

（1）草垛应用木栅或刺线围成圈，在四周挖畜沟和打防火道，并经常注意做好四防（防畜、防火、防雨、防雪水）工作。

（2）对草垛要定期检查和做好维护工作，如发现垛形不正或漏缝，应当及时整修。

（3）注意草垛内因干草发酵产热而引起的高温，及时采取散热措施，防止自燃。

3. 青干草的利用

青干草同青贮饲料一样，在贮藏一段时间后，饲喂给家畜前，也应检查其质量——色、香、味和质地。优质青干草颜色鲜绿、香味浓郁、适口性好、叶量多，叶片及花序损失不到5%。饲喂时，也要分段、分层取喂，避免养分流失、质量下降或发霉变质。用青干草饲喂牛时，要让牛有一个适应过程，防止暴食和食欲突然下降。

四、精饲料的加工调制

精饲料由于营养物质消化率高、适口性好，加工的意义并不大。但籽实的种皮、颖壳、糊粉层的细胞壁物质、淀粉的性质及某些抑制性物质（如抗胰蛋白酶等），仍然影响着这类饲料的利用。因此，加工调制仍是必要的。

（一）机械加工

1. 磨碎与压扁

质地坚硬或有皮壳的饲料，喂前需要磨碎或压扁，否则会因难以消化而由粪排出，造成浪费。给牛饲喂整粒玉米，就会出现这种现象。但也不必磨得太细，以碎到直径 1~2 mm 为宜。

2. 湿润与浸泡

湿润一般用于粉尘多的饲料，而浸泡多用于坚硬的籽实或油饼，使之软化或用于溶去有毒物质。对于磨碎或粉碎的精饲料，喂牛前应尽可能湿润一下，以防饲料中粉尘多而影响牛的采食和消化，对预防因粉尘呛入气管而造成的呼吸道疾病也有益。对于豆饼，喂牛前必须浸泡，否则由于其坚硬，牛无法嚼碎。将豆饼或黄豆浸泡后磨成豆浆，用以饲喂犊牛，效果更好。

3. 焙炒

焙炒可使饲料中的淀粉部分转化为糊精而产生香味，将其磨碎后撒在拌湿的青饲料上，能改善粗饲料的适口性，增进牛的食欲。

（二）饲料颗粒化

饲料的颗粒化，就是将饲料粉碎后，根据家畜的营养需要，按一定的饲料配合比例搭配，并充分混合，用饲料压缩机加工成一定的颗粒形状。颗粒饲料属全价配合饲料的一种，可以直接用来喂牛。用颗粒饲料喂牛有以下五个优点。

（1）饲喂方便，有利于机械化饲养。

（2）饲养上的科学研究成果能及时得到应用。

（3）颗粒饲料适口性好，咀嚼时间长，有利于消化。

（4）可以增加采食量，且营养齐全，能防止产生营养性疾病。

（5）能充分利用饲料资源，减少饲料损失。

颗粒饲料一般为圆柱形，喂牛时以直径 4~5 cm、长 10~15 cm 为宜。

模块三 牛的日粮配合

一、日粮配合概述

日粮配合是指根据饲养标准和饲料原料的营养价值等,经严格计算后,形成一定的日粮配方,并按配方将各种原料混合均匀,以满足不同年龄或不同生产性能牛的营养需要的过程。牛的日粮配合是按照牛饲养标准的规定,选择不同数量的若干种饲料(如干草、青贮饲料、精饲料、矿物质饲料等)相互搭配,使这种由多种饲料搭配而成的日粮所含营养物质都符合饲养标准的规定量,其目的是以最少的饲料消耗、最低的饲料成本,获得量多质好、经济效益高的畜产品。

(一) 配合饲料的分类

1. 按物理形状分类

根据物理形状的不同,配合饲料可分为散碎饲料、颗粒饲料、块(砖)饲料、饼饲料、液体饲料等。

2. 按营养构成分类

根据营养构成的不同,配合饲料可分为全价配合饲料、添加剂预混料、浓缩饲料和精饲料混合料。

(1) 全价配合饲料。

全价配合饲料包括所需要的全部营养成分,可直接饲喂。根据其组成成分的不同,全价配合饲料又可分为干全价配合饲料和湿全价配合饲料两类。

(2) 添加剂预混料。

添加剂预混料是由多种饲料添加剂加上载体或稀释剂按照配方制成的均匀混合物。它是一种不完全饲料,不能单独直接饲喂。

(3) 浓缩饲料。

浓缩饲料是由蛋白质饲料、矿物质饲料和添加剂预混料按照一定比例配制而成的均匀混合物,饲喂前加入一定比例的能量饲料(主要是玉米、麸皮),就是精饲料混合料。

(4) 精饲料混合料。

精饲料混合料为半日粮型配合饲料,是为了补充采食粗饲料、青饲料、青贮饲料时养分的不足,由多种饲料原料配制而成的一种补充饲料。精饲料混合料由浓缩饲料加入能量饲料混合而成。

(二) 饲料配合的原则

1. 营养性原则

(1) 设计饲料配方的营养水平,必须以饲养标准为基础。

饲养标准是在一系列科学试验和广泛的生产经验基础上产生的,它概括了动物营养学的基本内容，列出了正常条件下的营养需要量，因而具有一定的科学性和代表性。牛的饲养标准是根据牛维持生命活动和从事各种生产，如生长、产奶、妊娠等时期对能量和其他营养物质的需要，并结合饲养环境因素，制定出的牛对能量和其他营养物质的需要量或供给量。这是配合牛平衡日粮和科学饲养的重要技术参数。但饲养标准随生产和技术水平的提高而不断修订、完善，所以不能把它视为绝对的标准，要根据牛的生产性能、饲养水平、饲养环境条件及市场对畜产品的需求等进行适当调整（在±10%以内）。

（2）设计饲料配方时，必须正确评估饲料原料的营养成分值和营养价值。

饲料配方营养平衡与否，在很大程度上取决于设计饲料配方时所采用的饲料原料营养成分值，饲料原料营养成分值尽量选用有代表性的，避免极端数字或只是一次分析值。饲料原料营养成分并非恒定，因收获季节、成熟期、加工方法、产地、品种等的不同而异，要注意鉴别饲料原料的规格、等级和品质特性。

2. 生理性原则

（1）设计饲料配方时，必须考虑牛的采食量与饲料体积的关系。

饲料体积过大会造成日粮能量浓度降低，饲料体积超过牛的食量，牛不能食尽，因而不能满足其对各种营养的需要，即使能够食尽，也会造成消化道负担过重而影响消化。饲料体积过小，不能满足牛的食量，缺乏饱腹感而处于不安状态，影响其生产性能。牛的食量估计（每100 kg体重每日供给的干物质量）为2.5~3.5 kg。日粮中粗纤维含量以17%为宜，下限不应低于日粮干物质的13%。

（2）设计饲料配方时，必须注意饲料的适口性。

所谓适口性，即动物对饲料嗜好的程度，它直接影响动物的采食量。设计饲料配方时应选择适口性好、无异味的饲料。有些饲料营养价值虽高，但适口性很差，牛不愿采食，就得不到足够的营养，可以适当搭配适口性好的饲料或加入调味剂以改善其适口性，也可以采取限制用量的办法。

3. 安全性原则

饲料配方所选用的原料必须安全可靠，符合有关饲料的安全法规和饲料原料标准，必须选用新鲜、无毒、无害、无霉变、无污染的原料。安全是指饲料对牛本身是安全的，由饲料生产的产品对人体也必须是安全的。凡具有"三致"（致癌、致畸、致突变）可能性的饲料不能使用。

4. 经济性原则

设计高效饲料配方时，考虑生产成本是否最低或收益是否最大是必要的，不能仅追求饲料效能，而不考虑饲料价格。设计饲料配方时，要因地制宜地利用当地的饲料资源，减少运输，降低饲料成本；多种原料的搭配可使各种原料所含的营养物质相互补充，提高饲料的利用效率，因此可将几种廉价的原料合理搭配，以代替价格高的原料。

二、奶牛日粮配合的方法

(一) 计算机法

现在最先进的方法是利用计算机程序来设计饲料配方,方法是将奶牛的体重、产奶量、乳脂率及饲料的种类、营养成分、价格等数据输入计算机,计算机程序自动将日粮配合计算好,并打印出来。计算机设计饲料配方的方法原理主要有线性规划法、多目标规划法、参数规划法等,其中最常用的是线性规划法,可优化出最低成本饲料配方。配方设计软件主要包括两个管理系统,原料数据库和营养标准数据库管理系统。

(二) 手工计算法

首先应了解奶牛的生产量和大致采食量,通过饲养标准确定每天营养的需要量,根据当地饲料资源确定饲料种类并查出饲料营养成分,进行合理搭配,配制全价日粮。

例:某奶牛场成年奶牛平均体重为 500 kg,日产奶量为 20 kg,乳脂率为 3.5%,该奶牛场有东北羊草、玉米青贮、玉米、豆饼、麸皮、骨粉等饲料,试调配平衡日粮。

(1) 查饲养标准,计算奶牛的营养需要量,如表 1-2-5 所示。

表 1-2-5 泌乳奶牛总营养需要量

项目	可消化粗蛋白/g	产奶净能/MJ	Ca/g	P/g	胡萝卜素/mg
体重 500 kg	317	37.57	30	22	53
日产奶量 20 kg,乳脂率 3.5%	1 040	58.60	84	56	—
合计	1 357	96.17	114	78	53

(2) 查饲料成分及营养价值,如表 1-2-6 所示。

表 1-2-6 饲料营养成分

饲料名称	可消化粗蛋白/g	产奶净能/MJ	Ca/g	P/g	胡萝卜素/mg
东北羊草	35	3.70	0.48	0.04	4.80
玉米青贮	4	1.26	0.10	0.05	13.71
玉米	67	8.61	0.29	0.13	2.36
豆饼	395.1	8.90	0.24	0.48	0.17
麸皮	103	6.76	0.34	1.15	—
骨粉	—	—	30.12	13.46	—

(3) 先用青粗饲料满足奶牛的营养需要,按奶牛体重的 1%~2% 计算,每日可给 5~10 kg 干草或相当效能的其他粗饲料。现取中等用量 7.5 kg,其中东北羊草 2.5 kg,

玉米青贮 15 kg（3 kg 玉米青贮折合 1 kg 干草），其营养成分如表 1-2-7 所示。

表 1-2-7　青粗饲料营养成分

饲料	可消化粗蛋白/g	产奶净能/MJ	Ca/g	P/g	胡萝卜素/mg
2.5 kg 东北羊草	87.5	9.25	12	1.0	12.0
15 kg 玉米青贮	60.0	18.90	15	7.5	205.7
合计	147.5	28.15	27	8.5	217.7

（4）将表 1-2-7 中青粗饲料可供给的营养成分与总的营养需要量比较后（表 1-2-8），不足的营养再由混合精饲料来满足。

表 1-2-8　饲养标准与青粗饲料营养成分对比

对比内容	可消化粗蛋白/g	产奶净能/MJ	Ca/g	P/g	胡萝卜素/mg
饲养标准	1 357	96.17	114	78	53
青粗饲料	147.5	28.15	27	8.5	217.7
差数	1 209.5	68.02	87	69.5	−164.7

（5）先用由 70% 玉米和 30% 麸皮组成的能量混合精饲料（每千克含产奶净能 8.055 MJ），即 68.02/8.055≈8.44 kg，其中玉米为 8.44×0.7＝5.91 kg，麸皮为 8.44×0.3＝2.53 kg。

补充后产奶净能满足需要，可消化粗蛋白、Ca、P 分别缺 552.94 g、61.26 g、32.76 g。

（6）用豆饼代替部分玉米，每千克豆饼与每千克玉米可消化粗蛋白之差为 395.1−67＝328.1 g，则豆饼替代量为 552.94/328.1≈1.69 kg，用 1.69 kg 豆饼代替等量玉米。混合精饲料提供的营养成分如表 1-2-9。

表 1-2-9　混合精饲料提供的营养成分

精饲料	可消化粗蛋白/g	产奶净能/MJ	Ca/g	P/g	胡萝卜素/mg
4.22 kg 玉米	282.74	36.33	12.24	5.49	9.96
2.53 kg 麸皮	260.59	17.10	8.60	29.10	—
1.69 kg 豆饼	667.72	15.04	4.06	8.11	0.29
合计	1 211.05	68.47	24.90	42.70	10.25

尚缺 Ca 62.1 g、P 26.8 g，骨粉需补充 62.1/30.12%≈206.2 g。

食盐每 100 kg 体重给 3 g，每产 1 kg 乳脂率 4% 的标准乳给 1.2 g，计算食盐用量如下：

$$0.4 \times 20 + 15(20 \times 0.035) = 18.5 \text{ kg}$$

$$3\times5+1.2\times18.5=37.2 \text{ g}$$

(7) 列出奶牛日粮组成。

东北羊草 2.5 kg、玉米青贮 15 kg、玉米 4.22 kg、麸皮 2.53 kg、豆饼 1.69 kg、骨粉 206.2 g、食盐 37.2 g。

三、肉牛日粮配合的方法

肉牛日粮是指一昼夜内每头肉牛所采食的饲料，应含有肉牛每天需要的全部养分。肉牛日粮中粗饲料和精饲料比例的一般要求是：育肥前期，粗饲料 55%~65%，精饲料 35%~45%；育肥中期，粗饲料 45%，精饲料 55%；育肥后期，粗饲料 15%~25%，精饲料 75%~85%。

课后练习

一、名词解释

1. 青粗饲料
2. 多汁饲料
3. 矿物质饲料
4. 饲料添加剂
5. 日粮

二、选择题

1. 在饲料中添加碳酸氢钠时需要注意添加的量，一般控制在（　　）。
   A. 0.05%~0.2%　　　　　　B. 0.5%~2%
   C. 1%~2%　　　　　　　　D. 2%~4%

2. 早春放牧时，因牧草中镁的利用率较低，常常会导致家畜因缺镁而患（　　）。
   A. 肠胃炎　　　　　　　　B. 草痉挛
   C. 瘤胃鼓胀　　　　　　　D. 镁中毒

3. 下列属于微量元素添加剂的是（　　）。
   A. 碳酸氢钠　　　　　　　B. 硫酸铜
   C. 硫酸铁　　　　　　　　D. 氯化铜

4. 下列属于瘤胃缓冲剂的是（　　）。
   A. 碳酸氢钠　　　　　　　B. 硫酸铜
   C. 氯化镁　　　　　　　　D. 氯化铜

5. 根据氨来源的不同，秸秆氨化处理的方法分为（　　）。
   A. 液氨氨化法　　　　　　B. 氨水氨化法

C. 尿素氨化法 　　　　　　　　D. 氨气氨化法

6. 饲料的划分方法很多，按营养构成分为（　　）。

A. 全价配合饲料 　　　　　　　B. 添加剂预混料

C. 浓缩饲料 　　　　　　　　　D. 精饲料混合料

三、简答题

1. 阐述青干草的加工调制方法。
2. 简述青贮饲料的加工过程。
3. 阐述饲料配合的原则和日粮配合的方法。

项目三
牛的饲养管理

学习目标

1. 掌握犊牛、育成牛和青年牛的饲养管理要点
2. 掌握泌乳牛各时期的饲养管理要点
3. 掌握种公牛的饲养管理要点
4. 掌握繁殖母牛的饲养管理要点
5. 掌握肉牛的育肥技术

模块分解

模块一　奶牛的饲养管理
模块二　肉牛的饲养管理

模块一　奶牛的饲养管理

一、犊牛的饲养管理

犊牛是指从出生到 6 月龄的牛，其特点是生长发育旺盛、可塑性强。犊牛出生后的最初几天，因生活环境的突然改变及各组织器官的机能发育不完全，适应力弱、抵抗力低，易受各种病菌的侵袭而生病，死亡率高，因此必须加强护理。

（一）犊牛的消化生理特点

1. 犊牛胃的发育

初生犊牛的前胃（瘤胃、网胃、瓣胃）容量很小，机能也不完善，而皱胃相对容量大，约占四个胃总容量的 70%，为消化的主要器官。犊牛吃奶时通过食管沟反射，使奶经过食管沟直接进入皱胃进行消化。随着犊牛月龄的增长，并因采食固体物

质（饲草、饲料等）的机械刺激，瘤胃内微生物逐渐形成，内壁的乳头状突起逐渐发育，12月龄时，瘤胃与全胃容量之比已基本接近成年牛。

2. 微生物群的定栖

犊牛一般从3周龄开始训练采食干草、谷物和青贮饲料，瘤胃内的微生物区系开始形成；6周龄时，其菌群在很大程度上与成年牛相似；9~13周龄时，其菌群基本上与成年牛相同，菌数与成年牛相等。

3. 反刍

犊牛开始吃草料时就已出现反刍。随着草料采食量的增多，反刍次数增加和反刍时间延长。当采食量达到每天1~1.5 kg时，反刍时间基本稳定。出生后5周龄时，唾液腺分泌唾液急剧增多，唾液中碳酸盐的含量接近成年牛水平。

4. 犊牛的消化机能

犊牛出生后前几周需要以牛奶为日粮，牛奶进入皱胃时，由皱胃分泌的凝乳酶对其进行消化，但随着犊牛的生长，凝乳酶逐渐被胃蛋白酶替代。大约在3周龄时，犊牛开始有效地消化非乳蛋白质，如谷类蛋白质、肉粉、鱼粉等。初生犊牛的肠道中存在足够的乳糖酶，能够很好地消化牛奶中的乳糖，而这些乳糖酶的活性随着犊牛年龄的增长而逐渐降低。初生犊牛消化系统里缺少麦芽糖酶，所以出生后的早期阶段不能大量利用淀粉。大约到7周龄时，麦芽糖酶的活性才逐渐显现出来。初生犊牛胃内的胰脂肪酶活性也很低，但随着日龄的增加而迅速增强，8日龄时，其胰脂肪酶的活性达到相当高的水平，使犊牛能够很容易地利用全奶及代乳料中的脂肪。另外，犊牛也分泌唾液脂肪酶，对乳脂的消化有益，但唾液脂肪酶随着犊牛采食粗饲料量的增加而逐渐减少。

(二) 犊牛的饲养

乳用犊牛在哺乳的方式上，一般实行人工喂乳。

1. 喂初乳

母牛分娩后5~7天内分泌的乳汁称为初乳。与常乳不同，初乳为深黄色而黏稠的液体，含有较多的干物质和蛋白质。初乳具有特殊的作用，是新生犊牛不可缺少的食物。

初乳营养价值高，干物质含量较常乳高2~3倍，蛋白质含量较常乳高4~5倍，脂肪、灰分、维生素含量也均高于常乳。初乳酸度高达4~5°T，可抑制有害微生物的繁殖，刺激消化液和胆汁的分泌，促进消化过程。初乳含有镁盐和磷酸盐，具有轻泻作用，可促进犊牛胎粪的排出。新生犊牛胃肠壁上缺乏保护性黏液，对细菌抵抗力很弱，而初乳能代替黏液覆盖于胃肠壁上，阻止细菌直接与胃肠壁接触而侵入血液，可起到良好的保护作用。初乳中含有相当数量的溶菌酶和抗体，如免疫球蛋白、K抗原凝集素，可以抑制某些病菌的活动。

犊牛出生后0.5~1.0小时内，应喂给第一次乳，第一次喂量是1~1.5 kg，以后可按犊牛体重的8%~10%喂给。第一次初乳喂迟了，犊牛将舔食周围的物体，而吞入有害的细菌，并使细菌繁殖加快，布满消化道，此时再喂初乳也难以改善犊牛的状况。因此，犊牛开始哺喂初乳的时间，以尽早为宜，如在出生后1小时内喂初乳，犊牛的胃肠道就有了"安全"的微生物区系，从而保证犊牛的正常生长。

2. 哺乳期的饲养

犊牛经1周初乳哺喂后，便转入常乳哺喂。目前国内大部分乳用犊牛哺乳期为2~3个月，而少数个体大或高产的牛群仍哺乳3~4个月。具体掌握：1月龄内犊牛以常乳为主要营养来源，每日喂量为犊牛体重的8%~12%；2~3月龄犊牛体重增加，常乳中能量、铁质、维生素C等不能满足其生长发育需要，须由喂常乳向喂植物性饲料逐渐过渡，喂乳量逐渐减少，喂植物性饲料量逐渐增加，到断奶时转为全部喂植物性饲料。为此，犊牛出生后1周就开始训练吃干草，出生后10天开始训练吃干粉精饲料，一般将麦麸、大麦、豆饼、玉米混合粉碎，再加少量鱼粉、食盐、骨粉混成干粉状，开始时每日每头喂15~25 g，以后逐渐增加，到2月龄时每日每头可采食500 g。犊牛出生后2月龄开始训练吃多汁饲料和青贮饲料，到4月龄时，犊牛每天可吃青贮饲料4~5 kg，此时犊牛消化机能迅速完善。

喂乳要定时、定量、定温。1月龄内每日喂乳3次，喂乳量减少后可改为每日喂2次。出生后1周开始训练喝水，水温在37 ℃~38 ℃，经过10~15天，改饮清洁凉水。

3. 断奶期的饲养

断奶应在小牛生长良好并至少摄入相当于其体重1%的谷物性小牛饲料（小型牛500~600 g，大型牛700~800 g）时进行，但较小或体弱的小牛应继续饲喂牛奶，在断奶前1周每天仅喂一次牛奶，大多数小牛可在5~8周龄断奶。饲喂谷物性小牛饲料的小牛可能会比饲喂全价小牛饲料的小牛早断奶几周。4周龄前断奶有较大危险，并可导致高死亡率。然而8周龄后断奶也会增加消费，原因是：① 断奶后小牛的饲料（精粗比）比牛奶或代乳品便宜；② 仅喂液体食物会限制小牛的生长，小牛断奶后如能较好地过渡到吃固体饲料（小牛饲料和粗饲料）体重会明显增加。如上所述，在断奶前先饲喂小牛饲料，然后再补给粗饲料，小牛的营养需求会得到更好的满足，瘤胃发育也会更好。在断奶后应饲喂优质干草或青贮饲料，饲料配方中的成分应严格监控，特别是当饲料配方中含有玉米青贮时，断奶后随着饲料摄入量的增加，犊牛体重能够且应当上升到长期理想水平。6月龄时可饲喂精饲料2~2.5 kg。

（三）犊牛的管理

1. 新生犊牛的护理

（1）清除黏液。

犊牛出生后，立即用清洁的软布擦净鼻腔、口腔及其周围的黏液。对于倒生的犊牛，如果发现停止呼吸，则应尽快抓住犊牛后肢将其倒提起来，拍打胸部、脊背，以便把吸到气管内的胎水咳出，使其恢复正常呼吸。随后，让母牛舔舐犊牛3~10分钟，以利于犊牛体表干燥和母牛排出胎衣，之后清除干净犊牛被毛上的黏液。

(2) 脐带消毒。

用消毒好的剪刀把脐带剪断，无须包扎，用5%的碘酒浸泡脐带断口1~2分钟即可。

(3) 隔离与喂养。

犊牛出生后，应尽快将其与母牛隔离，使其不再与母牛同圈，以免母牛认犊，不利于挤奶。如果母牛没有初乳或初乳受到污染，可用其他产犊日期相近母牛的初乳代替，也可用冷冻或发酵保存的健康牛初乳代替。

2. 哺乳犊牛的管理

(1) 哺乳卫生。

哺喂犊牛最好用哺乳壶，这样犊牛吸吮乳汁，可使食管沟反射完全，闭合成管状而使乳汁全部流入皱胃，也比较卫生；用桶喂乳则易溢入前胃，引起异常发酵而使犊牛发病。喂乳结束后，须将犊牛嘴擦拭干净，以免互相吸吮乳头或脐带，引起发炎，也可防止舔食的牛毛在胃内形成毛球而影响健康。哺乳用具用后须及时清洗干净，定期消毒。

(2) 犊栏卫生。

犊牛出生后10~15天内应单独饲养，以便个别照顾，防止感染疾病。15天以后可合群饲养，每头犊牛应戴颈链，固定饲槽位置，以免互相吸吮和抢食。犊牛栏内要勤打扫，定期消毒，保持清洁干燥。

(3) 运动。

运动能增强体质，有利于健康。天气晴好时，犊牛生后7~10天，每日应在户外自由运动0.5小时，1月龄后应增至1小时以上，以后随着日龄增加，逐渐延长到2~4小时，但要避免中午阳光曝晒。

(4) 刷拭。

刷拭牛体既能保持牛体清洁，促进血液循环，又可调教犊牛。因此，每天应刷拭牛体1~2次，刷拭时使用软刷，手法要轻，使犊牛有舒适感。

(5) 保健护理。

日常管理中要注意观察犊牛的精神状态、食欲、粪便、体温和行为有无异常。

二、育成牛和青年牛的饲养管理

(一) 育成牛的饲养管理

犊牛满6月龄后从犊牛舍转入育成牛舍，进入育成牛培育阶段。育成牛根据其生长发育及生理特点，采取分群管理、阶段饲养的方式，具体可分为第一阶段（7~12月龄是乳腺形成的关键时期）和第二阶段（13~15月龄是瘤胃快速发育、体况快速发育阶段）。饲养要点是：日粮以粗饲料为主，混合精饲料每天喂给 2~2.5 kg；日粮蛋白质水平达到 13%~14%；选用中等质量的干草，培养耐粗饲性能，增进瘤胃机能。管理上要保证充足的新鲜饲料供应，并注意精饲料投放的均匀度。饲养模式采取散放饲养、自由采食的模式，保证奶牛充足、新鲜、清洁卫生的饮水。此阶段的奶牛生长发育迅速，合理的日粮供给，有助于乳腺及生殖器官的发育，保证达到相应的月龄体尺体重指标。

育成牛的培育是犊牛培育的继续，虽然育成阶段的饲养管理相对于犊牛阶段粗放些，但这绝不意味着这一阶段可以马马虎虎，此阶段在体型、体重、产奶性能及适应性的培育上比犊牛阶段更为重要，尤其在早期断奶的情况下，犊牛因喂奶量减少而不足的体重，需要在这个阶段得到补偿。如果此阶段培育措施不得力，那么达到配种体重的年龄就会推迟，进而可推迟初次产犊的年龄，如果按预定年龄配种，那么会导致终生体重不足；同时，若此阶段培育措施不得力，对体型结构、终生产奶性能的影响也是很大的。此阶段的培育目标是达到参配体重（360~380 kg），注重体高、腹围的增长，保持适宜体膘。此阶段要注意观察奶牛的发情情况，做好发情记录，以便适时配种。同时，坚持乳房按摩，对乳房外感受器施行按摩刺激，能显著地促进乳腺发育，提高产奶量，以免产犊后出现抗拒挤奶现象，每次按摩时间以 5~10 分钟为宜。

（二）青年牛的饲养管理

按月龄和妊娠情况，青年牛的生长可分为以下阶段：16~18 月龄、19 月龄~预产前 60 天、预产前 60 天~预产前 21 天、预产前 21 天~分娩。根据不同阶段的生理特点进行分段饲养。

（1）16~18 月龄：日粮以粗饲料为主，选用中等质量的粗饲料，混合精饲料每头每日喂给 2.5 kg，日粮粗蛋白水平达到 12%。

（2）19 月龄~预产前 60 天：日粮干物质进食量控制在 11~12 kg，以中等质量的粗饲料为主。混合精饲料每头每日喂给 2.5~3 kg，日粮粗蛋白水平达到 12%~13%。

（3）预产前 60 天~预产前 21 天：日粮干物质进食量控制在 10~11 kg，以中等质量的粗饲料为主，混合精饲料每头每日喂给 3 kg，日粮粗蛋白水平达到 14%。

（4）预产前 21 天~分娩：该阶段奶牛的饲养水平近似于成母牛干奶前期。采用过渡饲养方式，日粮干物质进食量控制在 10~11 kg，混合精饲料每头每日喂给 4.5 kg 左右，日粮粗蛋白水平达到 14.5%。

青年牛的饲养模式为散放饲养、自由采食，这一阶段奶牛处于初配或妊娠早期，应做好发情鉴定、配种、妊检等繁殖记录。根据体膘状况、胎儿发育阶段，按营养需要掌握精饲料喂量，防止过肥，产前采用低钙日粮，减少苜蓿等高钙饲料喂量，控制食盐喂量，观察乳腺发育，减少牛只调动，保持圈舍、产间干燥、清洁，严格消毒程序，注意观察牛只临产症状，做好分娩前的准备工作，以自然分娩为主，掌握适时、适当的助产方法。

三、泌乳牛的饲养管理

(一) 泌乳初期奶牛的饲养管理

泌乳初期是指母牛分娩后 15 天以内的时间,通常也称为围产后期。此时,母牛一般仍应在产房内进行饲养。产犊后,母牛体虚力乏,消化机能减弱,尤其高产牛乳房呈明显的生理性水肿,生殖道尚未复原,时而排出恶露。在这个阶段,饲养管理的目的是促进母牛体质尽快恢复,为泌乳盛期打下良好的体质基础,不宜过快追求增产。

母牛产犊后休息片刻,即喂给较易消化的麸皮 1~1.5 kg,加食盐 50~100 g,用温水冲拌成稀汤让母牛饮尽,可起到暖腹、充饥及增加腹压的作用。此时,母牛往往很口渴,如若不够,可酌情再调制一些补充。切忌饮凉水,水温以 37 ℃~40 ℃为宜。同时,喂给优质干草 1~2 kg 或任其自由采食。此时,不喂多汁饲料及糟粕饲料。产犊后 2~3 天内,日粮以优质干草为主,辅以麸皮、玉米 1~3 kg。4~5 天后,逐步增加精饲料,每日约增加 1 kg,至 7~8 天,日粮可达到泌乳牛的给料标准。为了防止精饲料过食造成消化障碍和过早加剧乳腺的泌乳活动,此时精饲料喂量以不超过体重的 1%为宜。在乳房消肿良好的情况下,可逐渐增加青贮、块根类饲料的喂量。产犊后 8~15 天,日粮干物质中精饲料比例逐步达 50%~55%,精饲料中饼类饲料应占 25%~30%。增喂精饲料是为了满足产犊后日益增多的泌乳需要。

据北京市 14 个奶牛场的统计资料,母牛分娩后 15 天内,每天平均失重 1 500~2 000 g,日粮能量不足会加剧此时能量的负平衡。同时,日粮中蛋白质浓度也应保持较高的水平,否则将影响体脂转化成牛奶的效率。产犊后 15 天,青贮喂量宜达 15 kg,干草喂量 3~4 kg,块根类喂量 5~7 kg,糟粕类喂量不超过 8 kg。此时,除了能量、蛋白质、脂肪等营养处于负平衡外,体内钙、磷也同样处于负平衡状态,必须充足喂给钙、磷和维生素 D。每头每日钙的喂量不低于 150 g,磷的喂量不低于 100 g。

长期以来,围产后期多采用较为保守的饲养方法,即以恶露排净、乳房消肿为体质复原的主要标志和目的。在饲喂上,有意识降低日粮营养浓度,拖延增喂精饲料的时间,不喂块根类等多汁饲料和糟粕饲料,避免刺激乳腺加速泌乳,加重乳房肿胀程度,结果导致母牛产后采食量低,这加剧了泌乳盛期的营养负平衡,母牛体质恢复慢,产后失重期延长;而适当提高日粮营养浓度,采食量增加,营养负平衡状态时间和失重期均缩短,母牛体质恢复快,发病率明显下降,可充分发挥泌乳潜力,泌乳高峰提前,泌乳期产奶量增加。但仍须注意观察母牛消化机能、乳房消肿、恶露排出等情况而灵活掌握饲养,切忌生搬硬套饲养标准或方案。

在母牛产犊后 0.5~1 小时,即应开始挤奶。据研究,提前挤奶有助于胎衣的排出。因为挤奶前的热敷和按摩刺激,会引起排乳反射,而排乳反射的建立主要是由于垂体后叶释放了大量催产素,催产素可加强子宫平滑肌的收缩,起到促使胎衣排出的作用。同时，提前挤奶也能使初生犊及早饮用初乳。

对产犊后母牛的第一次挤奶，首先须加强对乳房的清洗、热敷和按摩。一般第1~2把挤出的奶，因细菌数含量高，应予以废弃。第一次挤奶切忌挤净，保持乳房内有一定的储奶量，只要挤出够小牛吃的即可，约挤2 kg。如果把奶挤净，易引起高产牛产后瘫痪的发生。第2天每次挤奶约为产奶量的1/3，第3天约为1/2，第4天约为3/4，第5天才可挤净。在每次挤奶时，都应加强热敷和按摩，并要增加挤奶次数，每日最好挤奶4次以上，这样能促进乳房较快消肿。如发现有消肿较慢现象，也可以用40%的硫酸镁温水洗涤并按摩乳房，以加快水肿的消失。

一般母牛在产犊后半个月左右，身体即能康复，食欲旺盛，消化正常，乳房消肿，恶露排尽。此时，可从产房转入大群饲养。

（二）泌乳盛期奶牛的饲养管理

泌乳盛期是指母牛分娩15天以后到泌乳高峰期结束，一般指母牛产犊后16~100天的时间。

泌乳盛期的饲养管理至关重要，因为涉及整个泌乳期的产奶量和牛体健康。其目的是从饲养上引导产奶量上升，不仅产奶量要升得快，而且泌乳高峰期要长而稳定，力求最大限度地发挥泌乳潜力。

母牛产犊后随着体质的恢复，产奶量逐日增加，为了发挥其最大的泌乳潜力，一般可从产犊后15天左右开始，采用"预付"饲养法。饲料"预付"是指除了根据产奶量按饲养标准喂给饲料外，再另外多喂给1~2 kg精饲料，以满足其产奶量继续提高的需要。在升乳期加喂"预付"饲料以后，母牛产奶量也随之增加。如果在10天内产奶量增加了，还须继续"预付"，直到产奶量不再增加，才停止"预付"。目前，在过去"预付"饲养的基础上，又有了新的研究进展，即发展成为"引导"饲养法。采用"引导"饲养法，应从围产前期即分娩前2周开始，直到产犊后泌乳达到最高峰，喂给高能量的日粮，以达到减少酮血症的发病率、维持体重和提高产奶量的目的。原则是在符合科学的饲养条件下，尽可能多喂精饲料，少喂粗料。即自产犊前2周开始，一天约喂给1.8 kg精饲料，以后每天增加0.45 kg，直到母牛按每100 kg体重采食1.0~1.5 kg精饲料为止。母牛产犊后仍继续每天增加0.45 kg精饲料，直到泌乳达到高峰。待泌乳高峰期过去，便按产奶量、乳脂率、体重等调整精饲料喂量。在整个"引导"饲养期，必须保证提供优质饲草，任其自由采食，并给予充足的饮水，以减少母牛消化系统疾病。采用"引导"饲养法，可使多数母牛出现新的泌乳高峰，且增产的趋势可持续整个泌乳期，因而能提高全泌乳期的产奶量。但对患隐性乳房炎者不适用或经治疗后慎用。

泌乳盛期是饲养难度最大的阶段，因为此时泌乳处于高峰期，而母牛的采食量并未达到最高峰期，因而造成营养入不敷出，处于负平衡状态，导致母牛体重骤减。据报道，此时消耗的体脂肪可供产奶1 000 kg以上。如动用体内过多的脂肪供泌乳需

要，在糖不足和糖代谢障碍的情况下，脂肪氧化不完全，则易暴发酮病。表现为食欲减退、产奶量猛降，如不及时处理治疗，对牛体损害极大。因此，在泌乳盛期必须饲喂高能量的饲料，如玉米、糖蜜等，并使母牛保持良好的食欲。尽量多采食干物质，多饲喂精饲料，但也不是无限量地饲喂，一般认为精饲料的喂量以不超过 15 kg 为妥，精饲料占日粮总干物质65%时，易引发瘤胃酸中毒、消化障碍、第四胃移位、卵巢机能不全、不发情等。此时，应在日粮中添加碳酸氢钠 100~150 g、过氧化镁 50 g，拌入精饲料中饲喂，可对瘤胃的 pH 值起缓冲作用。为了弥补能量的不足及避免精饲料使用过多的弊病，可以采用添加动植物油脂的方法。例如，可添加 3%~5%的保护性脂肪，使之过瘤胃到小肠中消化吸收，以防日粮能量不足，动用体脂过多而使血液积聚酮体造成酸中毒。

  为了使母牛在泌乳盛期能充分泌乳，除了必须满足其对高能量的需要外，蛋白质的提供也是极为重要的，如蛋白质不足，不但会影响整个日粮的平衡和粗饲料的利用率，还将严重影响产奶量。但也不是日粮蛋白质含量越高越好，在大豆产区的个别奶牛场，其混合精饲料中豆饼比例高达 50%~60%，结果造成牛群暴发酮病，既浪费蛋白质，又影响牛体健康。实践证明，蛋白质按饲养标准给量即可，不可任意提高。研究表明，高产牛以高能量、适蛋白（满足需要）的日粮饲养效果最佳。尤其要注意，喂给过瘤胃蛋白质对增产特别有效。据研究，日粮过瘤胃蛋白质含量须占日粮总蛋白质含量的48%。目前，已知以下饲料的过瘤胃蛋白质含量较高：血粉、羽毛粉、鱼粉、玉米、面筋粉及啤酒糟、白酒糟等。

  泌乳盛期对钙、磷等矿物质的需要必须满足，日粮中钙占总干物质的比例应提高到 0.6%~0.8%，钙与磷的比例以 1.5∶1 至 2∶1 为宜。日粮中要提供最好质量的粗饲料，其喂量以干物质计，至少为母牛体重的 1%，以便维持瘤胃的正常消化功能。冬季还可加喂多汁饲料，如胡萝卜、甜菜等，每头每日可喂 15 kg。每头每日服用维生素 A 50 000 IU、维生素 D_3 6 000 IU、维生素 E 1 000 IU 或 β-胡萝卜素 300 mg，有助于高产牛分娩后卵巢机能的恢复，明显提高母牛受胎率，缩短胎次间隔。

  在饲喂上，要注意精饲料和粗饲料的交替饲喂，以保持高产牛有旺盛的食欲，能吃下饲料定额。在高精饲料饲养下，要适当增加精饲料饲喂次数，即以少量多次的方法，可改善瘤胃微生物区系的活动环境，减少消化障碍、酮血症、产后瘫痪等的发病率。从奶牛的生理上考虑，饲喂谷实类不应粉碎过细，因为奶牛食入过细的粉末状谷实后，其在瘤胃内过快被微生物分解产酸，使瘤胃内 pH 值降到 6 以下，这时即会抑制纤维素分解菌的消化活动。因此，谷实以加工成碎粒或压扁成片状为宜。

  泌乳盛期对乳房的护理和加强挤奶工作尤为重要。乳房护理、挤奶不当，容易引发乳房炎。要适当增加挤奶次数，加强对乳房的热敷和按摩，每次挤奶尽量不留余乳，挤奶结束后应对乳头进行消毒，可用 3%的次氯酸钠浸一浸乳头，以减少乳房受感染。对于日产奶量在 40 kg 以上的高产牛，如系手工挤奶，可采用双人挤奶法，有利于提高产奶量。牛床应铺以清洁柔软的垫草，以利于奶牛的休息和保护乳房。

要加强对饮水的管理，为了促进母牛多饮水，冬季水温不宜低于 16 ℃；夏季饮清凉水或冰水，以利于防暑降温，保持食欲，稳定奶量。

要加强对饲养效果的观察，主要从体况、产奶量和繁殖性能三个方面进行检查。如发现问题，应及时调整日粮。

（三）泌乳中期奶牛的饲养管理

泌乳中期是指泌乳盛期以后、泌乳后期以前的一段时间，一般指产后 101～200 天。

泌乳盛期过后，即应按体重和产奶量进行饲养。这时产奶量逐渐下降，每月产奶量的下降率如能保持在 5%～8%，即为稳定下降的泌乳曲线，如果饲养上稍有忽视，下降率则可达 10% 以上。这一时期，饲养管理的中心任务是力求产奶量缓慢下降，在日粮中应逐渐减少能量和蛋白质含量，即适当减少精饲料喂量，增加青粗饲料喂量，应尽量让奶牛采食到品质好、适口性强的青粗饲料。

泌乳中期，日粮干物质应占体重的 3.0%～3.2%，每千克含奶牛能量单位 2.13，粗蛋白质占 13%，含钙 0.45%、磷 0.4%，精饲料与粗饲料的比例为 2∶3，粗纤维含量不少于 17%。

目前，关于 BST（牛生长激素）提高奶牛产奶量的研究已取得十分显著的效果，在一些国家已被批准在生产中使用，在产犊后 3～4 个月时即泌乳中期使用可明显提高产奶量，一般提高幅度为 10%～25%。使用 BST 必须采用注射法，最初是每日注射，目前已研制出可持续发挥效用的制品，每 2 周（500 mg）或每 4 周（960 mg）注射一次即可。BST 的主要作用一方面是使牛体内所吸收的营养成分发生分配上的变化，另一方面是控制牛体内环境的稳定及调节组织代谢。使用 BST 后，泌乳牛饲料采食量增加，用于合成牛奶的营养成分向乳腺的分配占优势。研究证明，使用 BST 可提高受胎率、降低发病率，并可延长奶牛的生产年限，降低生产成本。在一个泌乳期内可增加产奶量 1 000～2 000 kg，其应用前景广阔，尤其适于在泌乳中期一开始即使用。

（四）泌乳末期奶牛的饲养管理

泌乳末期是指泌乳中期以后、干奶期以前的一段时间，一般指产后 201 天至停奶前。奶牛经过 200 天的大量泌乳后，体膘明显下降，应在泌乳后期适当增加饲料喂量，以使奶牛恢复体况，但亦要注意防止过肥。

据国外有关能量研究的报道，泌乳母牛将代谢能转化为产奶净能的转化率为 64.4%；泌乳母牛在早期大量泌乳时，如能量供应不足，而动用体脂以满足泌乳需要的转化率为 82.4%；泌乳后期当营养充裕时，泌乳母牛将多余的营养物质转化为体脂的转化率为 74.7%；但在干奶期，泌乳母牛将多余的营养物质转化为体脂的转化率仅为 58.7%。由此可见，早期因泌乳消耗的能量（体脂）在泌乳后期的补偿效率为

61.6%（0.824×0.747≈0.616，即61.6%），但若等到干奶期才补偿，其效率就低得多，仅为48.4%（0.824×0.587≈0.484，即48.4%）。以上资料说明，在泌乳后期加强饲养，给予补饲，比等到干奶期才进行补饲，在饲料利用效率上要合算得多。因此，目前国外多重视加强泌乳后期的饲养，让牛体稍有营养储积，而当进入干奶期时，奶牛的体况已基本恢复。

泌乳后期，日粮干物质应占体重的3.0%~3.2%，每千克含奶牛能量单位1.87，粗蛋白质占12%，含钙0.45%、磷0.35%，精饲料与粗饲料的比例为3∶7，粗纤维含量不少于20%。此期日粮以青粗饲料为主，适当搭配精饲料即可。

（五）干奶期奶牛的饲养管理

分娩前50~60天停止挤奶的母牛称为干奶牛。干奶是奶牛饲养管理中重要的一环，干奶的方法、干奶期的长短及干奶期的饲养，都直接关系到胎儿的发育及下一个泌乳期的产奶量。

1. 干奶的意义

（1）弥补母牛因产奶造成的体内营养成分损失，恢复牛体健康。

（2）使乳腺组织有一个更新的机会。

（3）使胎儿能得到充分的发育。

（4）母牛体况恢复的同时体内贮备足够的营养物质，以便适应下一个泌乳期出现的营养负平衡，为下一个泌乳期产奶潜力的充分发挥打下基础。

2. 干奶期的长短

干奶期为50~60天，不足30天或超过90天，其产奶量都将受到影响。干奶期长短可因奶牛的年龄、膘情、上一胎次产奶量高低有一定的伸缩变动。例如，高产牛、老龄牛、体弱牛可延长至75天，低产牛、膘情好的牛可缩短至45天。

3. 干奶的方法

（1）逐渐干奶。

一般需10~15天，从第1天起，减少精饲料喂量，饲喂多汁饲料，多喂干草，改变饲喂时间，控制饮水，加强运动，停止乳房按摩，减少挤奶量和挤奶次数，到最后挤2~3 kg奶时停挤。

（2）快速干奶。

一般需4~7天，方法同上，经5~7天挤奶量在8~10 kg时停止挤奶，最后一次挤净奶后，用杀菌液洗乳头，再将青霉素软膏注入乳头内，然后用木棉胶封闭乳头。

（3）骤然干奶。

突然停止挤奶，同时用快速干奶的方法处理乳头。为了确保干奶效果，干奶前的乳房必须是健康的。为此，对乳房（包括隐性炎症）应进行2次以上的监测。如果是阳性，至少应进行1个疗程的治疗，连续2次监测结果全是阴性时方可停止挤奶。

必须对干奶后10~15天以内奶牛的乳房予以密切监视，如果除了红肿外，还伴有热疼或有硬块出现,说明可能有炎症发生,除了请兽医处理外,应继续挤奶待炎症消失后重新停止挤奶。整个干奶期不停止乳头药浴对预防乳房炎更有利。停止挤奶后最容易发生乳房炎的往往是产奶量偏低(10 kg/天以下)和产犊间隔较长没及时干奶的牛。干奶后用药物封闭乳头孔是预防干奶期细菌感染的有效手段,但若干奶前乳房内存在潜在性的大肠杆菌,其毒素则可诱使临产前后的奶牛发生乳房炎。干奶后的奶牛如果处于污染和消毒不彻底的环境内或阴雨潮湿、闷热、酷热的条件下,就会因此而感染乳房炎。

4. 乳房炎的预防

干奶期是预防乳房炎发生的重要环节,但泌乳期各个阶段也同样重要,只有实施有效和完善的管理才是最佳方法。

(1) 保持环境卫生符合要求,尽力减少应激刺激(噪声、酷热、恶劣的态度对待奶牛等)。

(2) 挤奶前认真清洗、消毒乳房,奶应挤净,挤奶后乳头要药浴。

(3) 正确使用挤奶机械,机械性能要完好,使用机械前一定要培训,基本搞懂机械原理。

(4) 挤奶后的奶牛应站立一段时间(大约1小时),待乳头孔自行关闭后再卧地(先挤奶后饲喂最好)。

(5) 正常的营养水平和合适的膘情。

(6) 注射增强免疫力的药物和疫苗,提高母牛自身保护能力。

(7) 对奶牛进行定期监测、及时治疗。

(8) 临床乳房炎的奶牛应隔离挤奶或最后挤奶,及时切断感染途径与传染源。

(9) 及时淘汰久治不愈的老弱低产牛。

5. 干奶前期的饲养管理

干奶前期是指干奶期开始到产犊前2周左右的时期。

母牛在干奶后7~10天,乳房内乳汁已被乳腺吸收,当乳房已萎缩时,就可以逐步增加精饲料和多汁饲料,5~7天内即可按妊娠干奶期的饲养标准进行饲养。

(1) 干奶前期的饲养。

一般按每日产奶量10 kg左右的饲养标准进行饲喂,随时检查干奶牛体况的变化情况,其体况应呈中上水平,毛色光亮,肷、肋、腰角等仍有乳用型的棱角表现。根据体况灵活饲养,切忌生搬硬套。对了营养不良的高产母牛,要进行较丰富的饲养,其体重要求比泌乳盛期提高10%~15%。只有具备中上等的体况,才能保证下一个泌乳期获得更高的产奶量。对于营养良好的中低产母牛,一般只给予优质粗饲料即可。

据规定,干奶前期日粮干物质应占体重的2%,每千克饲料干物质含奶牛能量单位1.73,粗蛋白质11%~12%,钙0.6%,磷0.3%,精饲料与粗饲料比为1∶3,粗纤维含量不少于20%。

一般干奶前期母牛的日粮：每头日喂 8~10 kg 优质干草，15~20 kg 多汁饲料（其中品质优良的青贮饲料约占一半）和 1~4 kg 混合精饲料。粗饲料、多汁饲料不宜饲喂过多，以免压迫胎儿，甚至引发早产。食盐和矿物质可放置在运动场的矿物槽内，让其自由舔食。当以豆科饲草为主时，应补饲含磷高的矿物质；当以禾本科饲草为主时，则钙、磷均须补饲，以补饲磷酸氢钙为宜，每头每日摄入钙 100 g、磷 35~40 g。

当日粮中缺硒和维生素 E 时，易引起胎衣不下。为此，在产前 20 天左右，注射硒-维生素 E 制剂，可使分娩后母牛子宫平滑肌呈定向性蠕动，排出胎衣，可达到 90% 的预防率。同时，硒和维生素 E 有抗乳房炎的作用。

在饲料品质上，不能用腐败变质的饲料饲喂，否则会引起拉稀甚至流产。妊娠后期，不要饲喂菜籽饼、棉籽饼、发芽的马铃薯及有黑斑病的甘薯，也不要饲喂酸性太大的糟粕类。要让母牛自由活动，多晒太阳。

（2）干奶前期的管理。

尤其在干奶牛与泌乳牛混群饲养的情况下，对干奶牛上下槽应予以适当照应。当下槽时，先放干奶牛，待其走出牛舍后，再放其他泌乳牛。当上槽时，牛只多会争先恐后，一拥而进，并在牛舍内横冲直撞。这时应有饲养员在牛舍门外，适当控制住干奶牛，让其他泌乳牛先进入牛舍，待各就各的床位后，再放干奶牛上槽，即所谓的干奶牛"早下槽，晚上槽"的管理方法。实践证明，在混群饲养的情况下，采用此法会明显减少撞伤和流产事故。此外，牛舍的通道应保持干燥或铺垫草以防滑倒。牛床保持清洁干燥，牛粪及时刮除，常换垫草，保持清洁以防乳房感染。

6. 干奶后期的饲养管理

干奶后期是指干奶前期结束至分娩前的这段时间，通常也称为围产前期，即分娩前 2 周的时间。母牛在围产前期临近分娩，这时如饲养管理不当，母牛易染发各种疾病，因此，这一阶段的饲养是以保健为中心。

在饲养上应视母牛的膘情体况、乳房肿胀程度等情况灵活进行。对于过于肥胖的母牛，此时要撤减精饲料，日粮以优质干草为主。对于营养不良的母牛，应立即增加精饲料（参考"引导"饲养法），但精饲料的最大给量以不超过体重的 1% 为宜。产前增加精饲料喂量，使瘤胃微生物区系逐步调整适应精饲料饲养类型，有助于母牛产犊后能很快适应高泌乳量高精饲料的饲养，可保持对精饲料旺盛的食欲，使母牛充分泌乳及泌乳高峰提前到来，减少酮病的发病率。但对于产犊前有严重的乳房水肿和有隐性乳房炎的母牛，则不宜过多增喂精饲料，以免加剧乳房肿胀或引发乳房炎。同时，对于乳房水肿严重者，也要减喂食盐。

近年的研究表明，在母牛临产前 2 周采用低钙饲养法，能有效防止产后瘫痪的发生，即将一般日粮含钙量占干物质的 0.6% 降到 0.2% 的低水平，因牛体正常血钙水平的维持是受甲状旁腺释放甲状旁腺素的调节，当日粮中钙供应不足时，会造成不足以维持牛体正常血钙水平，此时，甲状旁腺功能性地加强调节，将从牛体分解骨钙以维持血钙水平，故当分娩时，即有源源不断的骨钙被运送到血液中，从而避免了母牛产犊后大量分泌乳汁，钙从乳汁中大量排出而造成产后瘫痪。围产前期日粮应减少大容积的多汁饲料，此时胎儿增大压迫影响消化道的正常蠕动，易造成便秘。在精饲料中要适当提高麸皮的比例，因麸皮含镁多，具有轻泻作用，可防止产前便秘发生。每日如补喂维生素 A 和维生素 D，可使初生犊牛更加健壮活泼，提高成活率，也会减少胎衣不下和产后瘫痪的发生。

围产前期加强管理的重点是保健工作，预防生殖道和乳腺的感染及代谢病的发生，母牛在产犊前 7~10 天，应转入产房，由专人进行护理。在转群前，宜用 2% 的火碱水喷洒消毒产房，铺上清洁干燥的垫草，产房应建立和坚持日常的清洁消毒制度。母牛后躯及四肢用 2%~3% 的来苏儿溶液洗刷消毒后，即可转入产房，并做好转群记录登记和移交工作。

7. 干奶牛的管理

对于干奶牛的管理，要注意以下几点：

（1）做好保胎工作，防止饮冷水，注意适量运动，防止肢蹄病和难产及产后瘫痪。

（2）降低应激造成的食量减少、酮病加剧的危险，保持圈舍通风、清洁、干燥，分娩前 3 周添加过瘤胃氮，使粗蛋白从 1% 提高到 15%，可降低酮病的发生。

（3）在产犊前 7~10 天，灌服丙烯乙二醇 320 g，产犊前 2 周和产犊后 10 天内每天喂 6~12 g 烟酸可减少低血钙、缺镁症。

（4）创造良好的环境，供干奶牛运动或自由躺卧，单独分群以免相互拥挤和碰撞。如有良好的牧场，适当放牧更有利。

（5）加强牛体卫生，保持皮肤清洁。重点是乳房和后躯卫生。

（6）对乳房进行适当按摩。应在干奶 1 周以后和临产前 2 周以上的时间里进行按摩；但若遇到产前水肿的情况，应停止按摩。对于初产牛，开始时 5 天按摩 1 次，以后 5 天按摩 2 次，1 个月以后，每天按摩 3 次，每次 5 分钟。

（7）预防发生皱胃移位，日粮中的干草应适当用些长草或铡成 2~3 cm 以上的草。每天不少于 3~4 kg。

（8）在酷热多湿的夏季，将干奶牛置于阴凉通风的环境里。必要时应提高日粮营养浓度。

（9）干奶期的饲料品种不要突变，以免导致干奶牛采食量的降低，因为干奶牛的敏感性增加。

模块二 肉牛的饲养管理

一、种公牛的饲养管理

种公牛是发展牛群、提高牛群质量的重要基础。对种公牛的基本要求是：体质好；生理机能正常，性欲旺盛；精液品质优良，种用年限长。

(一) 种公牛的特性

要饲养好种公牛，首先要了解它的特性，其特性表现为"三强"。

1. 记忆力强

种公牛对它周围的环境和人，只要曾经接触过，便能记住，且多年不忘。如给它打过针的兽医或打过它的人，再接近它时，它会表现得很反感，因此，必须指定专人负责饲养管理，不能随便更换。通过饲喂饮水、刷拭等接触方式使人畜亲和，从而便于管理。它和熟悉的饲养员建立感情后，便能被驯服。断奶后即上笼头，培养其让人牵引的习惯，绝不可随意逗弄或殴打种公牛，以免种公牛形成脾气暴躁、动辄顶人的恶癖。饲养、采精人员不可参与打针、采血、输液、外科手术、穿鼻、修蹄等工作，以免种公牛报复。

2. 防御反射强

种公牛有较强的自卫性，当陌生人接近它时，它往往会立即表现出要对来者进行攻击，因此不了解种公牛特性的外来人，切忌轻易接近它。饲养员不要以为平时很熟悉，就疏忽大意，要处处留心，注意安全。

3. 性反射强

公牛在采精时，勃起反射、爬跨反射与射精都很快，射精时冲力很猛。要熟悉公牛性格，如果长期不采精，或采精技术不良，容易出现顶人恶癖，或形成自淫的坏习惯。

(二) 种公牛的饲养技术

对于种公牛的饲养，日粮配合原则是：全价营养，多样配合，适口性好，容易消化，精、粗、青饲料合理搭配，蛋白质的生物学利用价值高。

成年种公牛粗饲料可按每 100 kg 体重每天 1.0~1.5 kg 干草或 2~3 kg 青草，1.0~1.5 kg 块根茎，0.6~0.8 kg 青贮饲料供给。精饲料占干物质的 45%~60%，饲喂量按种公牛的体重或体况确定，每头每日喂 4~5 kg 或每 100 kg 体重喂 0.3~0.5 kg 精饲料。精饲料混合料以玉米、麦麸、大麦、豆饼类等饲料的搭配使用较好，另外还应注意微量元素和维生素的供给。日粮组成要保持相对稳定。粗饲料应以优质豆科干草为主，搭配禾本科牧草，而不用酒糟、秸秆、果渣及粉渣等饲料，青贮饲料应和干草搭配饲喂，并以干草为主。如果喂给优质干草，混合精饲料的粗蛋白含量应不低于 12%，粗蛋白质要达到 18%~20%。冬春季节可用胡萝卜补充维生素 A。

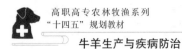

需要注意的是，多汁饲料和粗饲料的饲喂量不可过多，以免形成"草腹"；同时能量饲料也不宜过量饲喂，以免过肥而使配种能力下降。在日粮配合上，要保证优质豆科干草的饲喂量，控制玉米青贮的饲喂量。由于菜籽饼、棉籽饼有降低精子活力的作用，因此不宜作为成年种公牛的饲料；虽然豆饼富含蛋白质，但它是生理酸性饲料，饲喂过多易使牛体内形成大量的有机酸，会对精子的形成不利，故应控制其喂量。为了保证种公牛旺盛的性欲和良好的精液品质，可补喂维生素 E 和大麦芽，每千克日粮中应含有维生素 E15~30 mg。成年种公牛对钙、磷的需要量没有奶牛多，尤其是钙，故日粮中钙的含量不宜过多，特别是对于老年种公牛，精饲料中不宜再补充钙，若日粮中的钙含量超出需要量的 3~5 倍，种公牛会发生椎骨关节僵硬和变性骨关节炎。种公牛的日常饲喂方法为：日粮分 3 次饲喂，定时定量，先精后粗，防止过饱；保证充足饮水，水质要清洁卫生，通常每日饮 3 次，夏季饮水可增加到 4~5 次，在给料和采精前饮水，采精和配种前后 0.5 小时停止饮水。

（三）管理要点

1. 拴系要牢

育成种公牛到 10~12 月龄时，要穿鼻戴环，经常对其牵引训练，以使其养成温顺的性格。鼻环须用皮带吊起，鼻环上有两条系绳通过缠角带，左右分开，拴系在两侧的立柱上，所用的鼻环、笼头、立柱、系绳要经常检查，如有损坏应立即更换，以免发生意外事故。对于种公牛的牵引，应坚持双绳牵引，即由两人在牛的左右两侧牵引，人与牛应保持一定距离。对于烈性种公牛，须用勾棒进行牵引，一人牵住缰绳的同时，另一人两手握住勾棒，勾搭在鼻环上以控制其行动。

2. 适量运动

运动能增进种公牛健康，防止其蹄壳变形，保证其性情温顺、性欲旺盛，改善其精液品质，防止其变肥。要求每天上午、下午各运动 1 次，每次 1.5~2 小时，行走距离 4 km 左右。

3. 刷拭和洗浴

刷拭和洗浴在种公牛管理中也很重要，既能保持种公牛皮肤清洁，促进其血液循环，又有利于人牛亲近。要坚持每天刷拭 2 次，尤其要注意清除角间、额部、颈部等处的污物，以免种公牛发痒而抵人，夏季还应进行洗浴，边淋边刷，浴后擦干。

4. 合理利用

采精时，应让种公牛建立勃起反射、爬跨反射、射精反射等一系列反射，因此采精员必须熟悉整个过程，正确采精。一般种公牛满 18 月龄后开始对其进行采精，每周采精 1~2 次，2 岁后每周 2~3 次，3 岁后每周 3~4 次。严格执行定日定时采精制度。配种和采精应在饲喂后 2~3 小时进行，在配种和采精的高峰季节，每周应让种公牛至少休息 1 天。

5. 称重

每3个月称重1次，并根据体重变化调整日粮营养水平。种公牛不可过肥，否则会影响性欲和精液品质。

6. 护蹄

每年春秋各修蹄1次。蹄形不正则须矫正，经常检查蹄形有无异常，清除蹄围和蹄叉内的粪土，保持蹄壁、蹄叉洁净。蹄形损坏，会影响运动和采精，损坏严重者应予以淘汰。常用4%的硫酸铜溶液浸泡蹄部，每周喷洒1~2次，以增强牛蹄角质的抵抗力，杀灭病菌，减少其对牛蹄的感染。种公牛运动场力求平坦，无小石子、瓦砾等，并应及时清除尖锐的铁钉、玻璃碎片等有害物，以免损伤牛蹄。

7. 睾丸按摩

按摩睾丸，可结合刷拭进行，一般每次应按摩5~10分钟。平时要保持阴囊的清洁卫生，定期进行冷敷，以改善精液的品质。

8. 保持卫生

种公牛的圈舍应建在远离主要公路、居民点、工厂和公共场所的地方，以利于防疫，其他防疫卫生措施与母牛相同，但应更为严格。要保持牛舍地面干净卫生，地面应平坦、坚硬、不漏，且远离母牛舍。牛舍温度应在10 ℃~30 ℃，夏季注意防暑降温，冬季注意防寒保暖。

9. 单槽喂养

从断奶时起，种公牛就应单槽喂养。两头种公牛之间的距离应保持在3 m以上，或用2 m高的栏板（栅栏）隔开，以免相互爬跨和顶架。

二、繁殖母牛的饲养管理

对繁殖母牛的饲养管理如若不当，会导致犊牛不能在母体内正常生长发育。人们饲养肉用种母牛，期望母牛的受胎率高，泌乳性能好，哺育犊牛的能力强，产犊后返情早；期望产的犊牛质量好，初生重，断奶成活率高。

（一）空怀母牛的饲养管理

在空怀期，要使母牛保持中等膘情，保证合理的日粮配合，多喂青贮饲料，让母牛每天运动1~2小时，以保证母牛正常发情；要及时把握母牛发情期，适时进行人工授精配种。对于不能正常发情的母牛，应用直肠检查法进行生殖系统检查；对于子宫、卵巢正常的母牛，从肌肉注射复合VAD和VE注射液，使用促性腺激素释放激素和氯前列烯醇进行人工诱导发情。采用早晚2次输精的方法进行配种。

输精后应尽早对母牛进行妊娠诊断，对于确诊妊娠的母牛，可按孕畜所需要的条件加强饲养管理；对于确诊未妊娠的母牛，要查情补配，提高母牛的受配率。

（二）妊娠母牛的饲养管理

母牛妊娠后，不但自身生长发育需要营养，还要满足胎儿生长发育的营养需要和为产后泌乳进行营养蓄积。因此，要加强妊娠母牛的饲养管理，使其能够正常产犊和哺乳。

1. 加强妊娠母牛的饲养

对于妊娠母牛，在妊娠初期，一般按空怀母牛进行饲养，而到妊娠最后的 2~3 个月，要加强营养，这期间的营养会直接影响胎儿生长和母牛自身的营养蓄积。对于舍饲的妊娠母牛，要依妊娠月份的增加调整日粮配方，增加营养物质的供给量。对于放牧饲养的妊娠母牛，要多选择优质草场，延长放牧时间，牧后每天补饲 1~2 kg 精饲料。同时，还要注意防止妊娠母牛过肥，尤其是头胎青年母牛，更应防止过度饲养，以免发生难产。

2. 做好妊娠母牛的保胎工作

在母牛妊娠期间，应注意防止其流产、早产，实践中应注意以下几个方面：

（1）将妊娠后期的母牛同其他牛群分别组群，单独在附近的草场上放牧。

（2）为防止母牛之间互相挤撞，放牧时不要鞭打驱赶，以防惊群。

（3）雨天不要放牧和进行驱赶运动，以防滑倒。

（4）不要在有露水的草场上放牧，也不要让母牛采食大量易产气的幼嫩豆科牧草，不给母牛饲喂霉变饲料，不让母牛饮带冰碴的水。

（5）对于舍饲的妊娠母牛，应保证其每日运动 2 小时左右，以免过肥或运动不足。要注意观察临产母牛的情况，及时做好分娩助产的准备工作。

（三）哺乳母牛的饲养管理

哺乳母牛就是产犊后用其乳汁哺育犊牛的母牛。加强哺乳母牛的饲养管理，具有十分重要的现实意义。

1. 舍饲哺乳母牛的饲养管理

母牛产犊 10 天内，尚处于身体恢复阶段，对于产犊后身体过肥或过瘦的母牛，必须进行适度饲养。对于体弱的母牛，产犊后 3 天内只喂优质干草，4 天后可喂适量的精饲料和多汁饲料，并根据乳房及消化系统的恢复状况，逐渐增加给料量，但每天增加精饲料量不得超过 1 kg，当乳房水肿完全消失时，饲料可增至正常。若母牛产后乳房没有出现水肿，体质健康，粪便正常，产犊后的第 1 天就可饲喂多汁饲料和精饲料，6~7 天后即可增至正常喂量。

1 胎母牛产犊后若饲料中富含碳水化合物的精饲料不足，而蛋白质给量过高，则易出现酮病，导致其血糖降低、血和尿中酮体增加，这种情况在生产实践中应予以高度重视。在饲养肉用哺乳母牛时，一般以日喂 3 次为宜。

2. 哺乳母牛的放牧管理

（1）牧场设备的准备。

在放牧季节到来之前，要检修房舍、棚圈及篱笆，确定水源和饮水后临时休息点，整修道路。

(2)牛群的准备。

牛群的准备包括修蹄、去角、驱除体内外寄虫、检查牛号、称重、组群等。

(3)从舍饲到放牧的过渡。

在放牧前,要用粗饲料、半干贮及青贮饲料预饲,日粮中要有足量的纤维素以维持正常的瘤胃消化。夏季过渡期为7~8天,冬季日粮中多汁饲料很少,过渡期应为10~14天。在过渡期,为了预防青草抽搐症,每天放牧2~3小时,之后逐渐增加到每天12小时。

(4)食盐的补给。

由于牧草中含钾多、含钠少,因此要特别注意食盐的补给,以维持母牛体内的钠钾平衡。补盐方法:可配合在精饲料中喂给母牛,也可在母牛饮水的地方设置盐槽,供其自由舔食。

三、肉牛的育肥技术

(一)育肥牛选用的基本原则

肉牛育肥效果主要受牛的品种和类型、年龄和体重、性别、生长发育状况等因素的影响,因此在生产实践中应当根据实际情况综合考量以上几个方面的因素。

1. 品种和类型

牛的品种和类型是影响育肥效果的重要因素之一。相比于乳用、乳肉兼用品种的牛,肉用品种的牛能较快地生长,可进行早期育肥、提前出栏,能获得较高的日增重、饲料转化率、屠宰率和胴体产肉率,且肉的品质好,肉质鲜嫩多汁,呈大理石纹状。适合我国自然条件的肉牛品种有安格斯牛、夏洛来牛、利木赞牛、海福特牛、皮埃蒙特牛等。我国黄牛品种晋南牛、秦川牛、鲁西牛、南阳牛等,肉用性能较好,且适应性强、耐粗饲,抗病力强,也可列入待选品种。各品种牛的肉用性能不尽相同,应按市场需求进行选择。

2. 年龄和体重

不同年龄的牛,其生长发育的速度和沉积的体组织成分不同。年龄越小,生长速度越快,体组织中肌肉的比例较大、脂肪的比例较小,因此饲料利用率高;随着年龄的增长,生长速度减慢,体组织中肌肉的比例也逐渐减少。

脂肪在出生到周岁期间生长较慢,仅比骨骼快,周岁后加速。脂肪组织沉积顺序为:初期是网油和板油,之后是皮下。在营养好、日增重高时,脂肪沉积于肌纤维之间,使肉质变嫩,呈大理石纹状。

3. 性别

公牛的增重速度、饲料转化率、肉骨比最高,阉牛次之,母牛最低。

4. 生长发育状况

除了考虑牛的健康状况外,更应注意其生长发育状况。可用不同阶段的体重大小或通过测量体尺来衡量牛生长发育的好坏。选择育肥牛时，要注意其外形应具备以下条件：嘴大，颈粗，眼大而明亮，上下唇整齐，骨骼舒展，皮肤较松，腹部充实，性情温顺，被毛光亮，对外界刺激的反应正常，不过敏，不迟钝。

（二）肉牛育肥的方法

1. 青年牛育肥的方法

青年牛亦称育成牛，一般是指断奶后至两岁半左右正常生长发育的牛。育成牛正处于旺盛的生长阶段，充分满足其营养需要，就可以获得较大的日增重，并生产出大量的优质牛肉。根据育肥的月龄和要求的增重速度，青年牛育肥的方法可分为幼龄强度育肥法和"吊架子"育肥法。

（1）幼龄强度育肥法。

这是犊牛断奶后立即育肥的一种方法，育肥期间采用高营养水平，使牛的日增重保持在 1.2 kg 以上，周岁时结束育肥，牛的活重达 400 kg 以上。日粮可根据预期的日增重进行配制。随着牛体重的不断增加，日粮应每月调整一次，使牛获得计划的日增重。当气温高于 25 ℃ 和低于 0 ℃ 时，气温每升或降 5 ℃ 应加喂 10% 的精饲料。

育肥期间采用舍饲拴系饲养方式，不可放牧，定时喂给精饲料和主要辅助饲料，粗饲料不限量；自由饮水，尽量减少运动，保持环境安静；夏天饮凉水，冬天饮用水温度不低于 20 ℃；公牛不去势，但应远离母牛，以免被异性干扰降低育肥效果。对乳用品种的牛进行育肥时，可以得到更大的日增重和出栏体重，但是由于乳用品种的牛代谢类型不同于肉用品种的牛，所以其每千克增重所需要的精饲料量较肉用品种的牛增加 10% 以上。

采用幼龄强度育肥法生产的牛肉肉质鲜嫩，而且相较于犊牛育肥法，其育肥成本低，可提供的商品牛肉量高 15% 以上，因此它是一种很有推广价值的育肥方法。但此种育肥方法精饲料消耗大，宜在饲料资源丰富的地区推广。

（2）"吊架子"育肥法。

"吊架子"育肥法是指将犊牛自然哺育至断奶，接着充分利用青草和农副产品饲喂到 14～20 月龄，体重达 250 kg 以上开始育肥，经 4～6 个月育肥，体重达 400～500 kg 时出栏。

对育肥牛的育肥，可采用舍饲和放牧两种育肥方法，但放牧育肥法所消耗的营养较多，即使补料，日增重也难超过 0.8 kg。采用舍饲育肥法时，可以日喂 2～3 次，喂 3 次效果较好，其他饲养管理方式与幼龄强度育肥法相同。此种育肥方法目前在实际生产中应用较多，适用范围较广，粮食采食量较少，经济效益较高。当采用放牧育肥法时，利用小围栏全天放牧、就地饮水、就地补料的方法，效果最好。若白天放牧、夜间回圈，应在回圈后数小时内进行夜间补料，否则会减少牛在放牧时的采食量。

2. 架子牛育肥的方法

架子牛是指未达到屠宰体况或未经育肥的肉牛。一般来说，月龄在 12～24 个月的架子牛生长的速度快、产出的肉品质好。架子牛育肥采用的是后期集中育肥法，一般称强度育肥法或快速育肥法。采用该种育肥方法，精饲料消耗少，成本低，又可增加周转次数，经济效益高。

具体育肥方法如下：

（1）恢复准备期。

架子牛经过较长距离、较长时间的运输到达育肥场后，由于会有一定的运输应激反应，所以需要一段时间的休息和恢复，另外架子牛来到新的环境也要有一个适应的过程，此时日粮以优质粗饲料或青贮饲料为主。恢复期以10~12天为宜。

（2）过渡期。

一般情况下，买来的架子牛大部分来自牧区、半牧区和千家万户，又经过长途运输，草料、气候、自然环境都发生了很大变化，所以要注意过渡期的饲养管理。

① 对刚买的架子牛进行称重，按体重大小和健康状况分群饲养。

② 前1~2天不喂草料，只让其饮水，适量加盐，目的是调理肠胃，促进食欲。过渡期一般为15天左右。在这段时间里，前一星期只喂草不喂料，以后逐渐加料，每头牛每天喂精饲料2 kg，主要是玉米面，不喂饼类。

③ 买来的牛在3~5天时进行一次体内外驱虫。方法一：敌百虫，每千克体重0.08 g，研细混水一次内服，每天一次，连服2天。方法二：左旋咪唑，每千克体重6 mg，研细内服，每天一次，连服2天。

④ 在长途运输架子牛前，可向其肌肉注射维生素A、维生素D、维生素E，并喂1 g土霉素，以提高牛的应激能力。

⑤ 经过10~12天的恢复期饲养，架子牛已适应新的环境，体力基本恢复，日粮由粗饲料型向精饲料型过渡。在过渡期，日粮中精饲料的比例要逐渐增加，应在15~20天内将精饲料的比例提高到40%~50%。

（3）催肥期。

在催肥期，日粮中精饲料的比例越来越高，具体安排如下：

1~20天，日粮中精饲料的比例为55%~60%。

21~50天，日粮中精饲料的比例为65%~70%。

51~80天，日粮中精饲料的比例为75%~80%。

81~100天，日粮中精饲料的比例为80%~85%。

注意事项如下：

① 饮水充足。一般架子牛每采食1 kg饲料干物质，需要饮水5.5 kg。因此，要保证架子牛随时能饮水。有条件的可设自动饮水设备。无自动饮水设备时，每天饮水次数不能少于3~4次。

② 一日多餐制。在全粗料型日粮向精饲料型日粮过渡的最初几天里，为了防止架子牛因采食过量而出现胀肚、拉稀等不适应症，应采用一日多餐制，一天多次饲

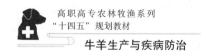

喂。经过3~4天的过渡，便可让架子牛自由采食，食槽内应昼夜有料。

③ 为了使架子牛快速育肥以取得更高的经济效益，要因地制宜，充分利用现有饲料资源，提高育肥效果。

3. 成年牛育肥的方法

无论是肉用牛、役用牛还是淘汰母牛都可作为成年牛育肥对象。这些牛一般生长发育已经停滞，产肉率低，肉质差，故在屠宰前都需要经过一段时间的专门育肥，以增加其肌肉纤维间的脂肪沉积，改善肉的味道和嫩度。

成年牛育肥之前，应对其进行全面检查，凡是病牛应治愈后再育肥，无法治疗的病牛及过老、采食困难的牛都不应育肥，否则会造成饲料浪费，达不到育肥效果。育肥前要驱虫、健胃、称重、编号，以利于记录和管理。公牛应在育肥开始前10天去势。

一般成年牛育肥时间控制在50~60天。第一阶段5~7天，主要是调教牛上槽，让其学会吃混合饲料。可先将少量配合料拌入氨化秸秆饲料中饲喂，或先让牛饥饿1~2天后再投食，经2~3天调教，牛就可上槽采食。第二阶段10~12天，在恢复体况的基础上，逐渐增加配合料，每头牛每天喂配合料700~750 g，尿素100~120 g，分3次投喂。对于膘情较差的牛，可先用增重较低的日粮饲喂，使其适应育肥日粮，经1个月的复膘后，再提高日粮营养水平，这样可避免发生消化道疾病；也可在青草期先在附近的草山、草场或牧地放牧饲养，利用青草使牛复壮，以节省精饲料，降低成本。在育肥过程中，应及时按增膘程度来调整日粮，灵活掌握育肥期，提前或延期结束。

（三）高档优质牛肉生产技术

高档牛肉主要指肉牛胴体上的里、外眼肌（背最长肌）和臂肉、短腰肉四部分，其嫩度、风味、多汁性等主要指标，均须达到规定的等级标准。这四部分肉的重量约占肉牛活重的5%~6%，即育肥牛宰前重为500 kg时，这四部分高档牛肉约有25~30 kg。

1. 高档牛肉生产

（1）选择优良品种。

我国目前尚未培育出专门化的肉牛品种。育肥高档肉牛为国外肉牛品种公牛与本地黄牛杂交的一代公牛。因为杂交一代牛具有较强的杂种优势，体格大，生长快，增重高，牛肉品质优良，优质肉块比例较高。

（2）严格控制牛龄。

育肥牛要求挑选6月龄断奶的犊牛，体重在200 kg以上，育肥到18~24月龄屠宰；超过30月龄的肉牛，一般生产不出高档牛肉。

（3）严格要求屠宰体重。

育肥牛到18~24月龄屠宰前的活重应达到450~500 kg，没有这样的宰前活重，

牛肉的品质就达不到"优质"级标准。国外生产高档牛肉，既要求控制育肥牛的年龄，又要求达到一定的宰前活重，两者缺一不可。

（4）一般饲养阶段（时间为4个月）。

日粮以粗饲料为主，精饲料占日粮的25%；日粮中粗蛋白质含量为12%；每头牛日采食干物质4 kg左右。育肥牛日增重500 g左右。

（5）强度育肥阶段（时间为8个月）。

如果计划育肥牛到18月龄、体重500 kg左右屠宰，后8个月的饲养应该这样安排：250~300 kg体重阶段，日粮中精饲料的比例为55%，粗蛋白质含量为11%，每头牛日采食干物质6.2 kg，饲养期55天，日增重700 g左右；350~400 kg体重阶段，日粮中精饲料的比例为75%，粗蛋白质含量为10.8%，每头牛日采食干物质7.6 kg，饲养期45天，日增重1.1 kg；450~500 kg体重阶段，日粮中精饲料的比例为75%~80%，粗蛋白质含量为10%，每头牛日采食干物质7.6~8.5 kg，日增重1.1 kg。这一阶段也称肉质改善阶段，育肥牛胴体中肌肉上纤维肉能否夹杂脂肪，形成大理石花纹，与此阶段的饲养是否正确关系很大。

（6）科学规范管理。

育肥牛要采用舍饲或围栏饲养的方式。舍饲时，要一牛一桩固定拴系，缰绳不宜太长，以限制其过量运动，减少热能消耗。围栏饲养时，育肥牛散养在围栏内，每栏15头左右，每头牛占有面积4~5 m²，自由采食，自由饮水。随时注意育肥牛的消化情况，有无胀肚或拉稀，一旦发现要及时治疗，适当调整日粮结构及喂量。公牛在育肥前可不去势，凡计划在18月龄屠宰的公牛，以不去势为好，这样增重快，育肥效果好。

（7）成熟处理。

这是高档牛肉生产中不可缺少的一个环节。刚屠宰的牛肉，酸度高，肉质粗硬，口感差，达不到优质牛肉的要求。解决这一问题的有效途径是将胴体劈半后进行吊挂排酸处理，排酸温度控制在0~4 ℃，吊挂时间一般为7天左右。这样牛肉经过充分的成熟过程，在肌肉内部一些酶的作用下发生一系列生化反应，酸度明显下降，嫩度得到极大提高。

2. 小牛肉生产

小牛肉是指犊牛出生后6~8个月内，在特殊饲养条件下育肥至250~300 kg时屠宰。小牛肉风味独特，价格昂贵。

（1）犊牛选择。

主要选用肉用品种或乳肉兼用品种，在我国现有条件下，进行小牛肉生产，以选用荷斯坦奶公犊为主，利用其前期生长发育速度快、便于组织生产等特点；也可选用西门塔尔牛三代以上杂种公犊。要求犊牛初生重不低于35 kg，一般大于40 kg，并且健康无病，从体形上看，整体无缺损，头方嘴大，前管围粗壮，蹄大坚实。

（2）饲料与饲喂技术。

为了使犊牛的生产潜力得到充分发挥，在小牛肉生产过程中，代乳料和育肥精饲料数量一定要充足。

在规模化养殖中，如鲜奶原料便宜，第1个月可喂鲜奶，每头每日3~5 kg。如用代乳料，其配方如下：

配方1：脱脂乳60%~70%、乳清粉15%~20%、油脂15%~20%、玉米粉5%~10%，另加矿物质和维生素混合物配成。

配方2：脱脂乳60%~80%、鱼粉5%~10%、豆饼5%~10%、油脂5%~10%，另加矿物质和维生素混合物配成。

第2个月饲喂的代乳料以植物性饲料为主。其配方如下：

配方1：豆浆1 000 mL、鸡蛋2~3个、维生素和糖适量、食盐10 g。

配方2：玉米55%、鱼粉5%、豆饼38%、维生素与矿物质混合物2%。

第3个月饲喂的代乳料配方为：鱼粉5%~10%、玉米或高粱40%~50%、亚麻饼20%~30%、麸皮5%~10%、油脂5%~10%、维生素与矿物质混合物2%。

第3个月以后，逐渐过渡到以混合精饲料为主，辅以人工代乳料。混合精饲料的配方如下：

配方1：玉米60%、豆饼12%、大麦12%、鱼粉3%、油脂10%、骨粉1.5%、其他矿物质和维生素1.5%。

配方2：亚麻饼10%、大豆粉30%、燕麦粉29%、大麦29%、矿物质与维生素2%。

饲喂量主要以犊牛的健康状况和生长速度为依据确定。小牛肉生产的喂料计划如下：

1周龄，代乳料300 g、水3 kg。

2周龄，代乳料660 g、水6 kg。

3~4周龄，代乳料900~1 100 g、水10 kg。

2月龄，人工乳1 600~2 000 g、水11~12 kg。

3月龄，人工乳3 000 g、水15~16 kg。

3月龄以后，即用精饲料（以玉米、大麦、豆饼为主）育肥，饮水充足，自由采食优质青草或青干草等粗饲料。

（3）管理技术。

要让犊牛吃足初乳，增强其抵抗力，防止发生疾病。要给予全乳的供给量，在不发生疾病的原则下，可按日龄根据标准适当多喂一些。严格按计划饲喂代乳料，饲喂要定时、定量、定人。1周龄开始，结合哺乳，每天饮温水1次，2周龄后每天自由饮水3次，夏季饮凉水，冬季饮温水。5周龄时要训练吃草料，10周龄时精饲料日喂量可达0.5~0.6 kg，以后逐渐增加精饲料喂量，喂乳量为体重的8%~9%。饲料温

度,半月龄内为38 ℃,其他月龄为30 ℃~35 ℃,温度过低,犊牛易腹泻。为了使小牛肉发红,可在全乳或代乳料中补加铁或铜。

如果是圈养或犊牛栏饲养,要注意卫生,每天清扫一次,并用清水冲洗地面,每周消毒一次;牛床最好采用漏粪地板,防止与泥土接触,严格防止犊牛下痢。要保证牛舍安静,通风良好,要做好牛舍防寒防暑工作,牛舍温度适宜在15 ℃~20 ℃。5周龄以后,应尽量限制运动,坚持每天晒太阳3~4小时;饲喂前期要防止下痢,后期要注意由舔吮被毛、饲料不适应和饲喂不当造成的消化不良等疾病;出栏时间根据市场的情况来定,一般经180~200天的育肥,达到一定的体重就可以出栏。

3. 小白牛肉生产

小白牛肉是指犊牛出生后完全用全乳、脱脂乳或代用乳饲喂,哺乳期3个月,体重100 kg左右时屠宰。小白牛肉的肉质细致软嫩,味道鲜美,肉色呈全白色稍带浅粉色,营养价值比较高,蛋白质含量比一般牛肉高63%,脂肪含量则比一般牛肉低95%,富含人体所需的氨基酸和维生素,其价格高出一般牛肉的8~10倍。进行小白牛肉生产,应选择优良的肉用牛、乳肉兼用牛、乳用牛或高代杂交牛所生的公犊,并且要求其身体健壮,消化吸收机能强,生长发育快,初生重38~45 kg。由于生产小白牛肉,在100天的培育期内靠全乳来为犊牛供给营养,因此生产成本较高。近年来,生产实践中开始采用人工乳或代乳料喂养,但要求人工乳或代乳料尽量模拟全乳的营养成分,特别是氨基酸的组成、热量的供给等都要适应犊牛的消化生理特点和要求。

课后练习

一、名词解释

1. 犊牛

2. 初乳

3. 干奶期

二、选择题

1. 初生犊牛有(　　)个胃。

A. 1　　　　　　B. 2　　　　　　C. 3　　　　　　D. 4

2. 犊牛满6月龄以后,要增加日粮中各营养成分,其中蛋白质水平要达到(　　)。

A. 10%~11%　　B. 13%~14%　　C. 5%~6%　　D. 60%以上

3. 干奶期的意义是(　　)。

A. 恢复牛体健康　　　　　　　　B. 使乳腺组织得到更新

C. 使胎儿充分发育　　　　　　　D. 为下一个泌乳期做准备

4. 干奶期的时间一般为（　　）。

A. 10~15 天　　B. 15~20 天　　C. 40~50 天　　D. 50~60 天

5. 干奶的方法有（　　）。

A. 停止饲料的摄入　　　　B. 逐渐干奶

C. 快速干奶　　　　　　　D. 骤然干奶

三、填空题

1. 肉用种公牛具有的"三强"特性是指_____、_____、_____。

2. 高档牛肉主要指肉牛胴体上的里、外眼肌（背最长肌）和臀肉、短腰肉四部分，这四部分肉的重量约占肉牛活重的 5%~6%，即育肥牛宰前重为 500 kg 时，这四部分高档牛肉约有_____。

四、简答题

1. 简述泌乳牛各时期的饲养管理要点。

2. 简述繁殖母牛的饲养管理要点。

3. 简述肉牛育肥的方法。

第二部分 羊生产

项目一
羊的生产筹划

学习目标

1. 认识国内外常见的羊品种及其生理特性
2. 掌握羊的日粮配制原则
3. 了解羊场选址要求和常用养羊设备的标准

模块分解

模块一　羊品种的识别
模块二　羊的日粮配合
模块三　羊场建设
模块四　羊场经营管理

模块一　羊品种的识别

　　羊是家畜之一，属于哺乳纲、偶蹄目、牛科、羊亚科，是有毛的四腿反刍动物，毛色主要是白色。我国主要饲养绵羊和山羊。

一、绵羊品种

（一）绵羊分类
1. 绵羊经济用途分类法
绵羊经济用途分类法是指根据产品的生产方向和经济用途对绵羊进行分类的方法。依据绵羊经济用途分类法，可将绵羊分为以下几大类。
（1）细毛羊。
细毛羊生产同质细毛，羊毛细度在60支以上（羊毛纤维直径在19.1~25 μm），毛丛长度在 7 cm 以上，全身被毛多为白色，弯曲明显且整齐，净毛率高，是纺织工业精纺织品的重要原料。

根据生产毛、肉的主次不同，细毛羊又可分为毛用型细毛羊、毛肉兼用型细毛羊、肉毛兼用型细毛羊。主要品种有：澳洲美利奴羊、中国美利奴羊（毛用型细毛羊）、德国美利奴羊、泊列考斯羊（肉毛兼用型细毛羊）。

（2）半细毛羊。

半细毛羊生产同质半细毛，羊毛细度在 36~58 支（羊毛纤维直径在 25.1~55.0 μm），长度不一。根据生产毛、肉的主次不同，半细毛羊又可分为毛肉兼用型半细毛羊（茨盖羊）和肉毛兼用型半细毛羊（林肯羊、罗姆尼羊）。

（3）粗毛羊。

粗毛羊被毛为异质毛，由多种纤维类型组成，含绒毛、粗毛、干死毛，杂种羊还含两型毛。粗毛羊产毛量低，毛品质差，纺织价值低，只能用于制作地毯、擀毡和粗呢。主要品种有蒙古羊、哈萨克羊、西藏羊等。

（4）肉脂用羊。

肉脂用羊是以早熟多羔、生长快、产肉率和屠宰率高、肉品质好等为生产特点的绵羊品种。主要品种有大尾寒羊、小尾寒羊、新疆阿勒泰羊、兰州大尾羊、陕西同羊等。

（5）羔皮羊。

羔皮羊是以产图案优美的羔皮为主的绵羊品种。主要品种有湖羊、三北羊等。

（6）裘皮羊。

裘皮羊是以生产具有美观花穗为特点的二毛裘皮为主的绵羊品种。主要品种有滩羊、青海黑裘皮羊、岷县黑裘皮羊等。

（7）地毯毛羊。

地毯毛羊是以产优质地毯毛为主的绵羊品种。主要品种有新疆和田羊，其所产羊毛光泽好、拉力强，是编织中高档地毯的优质原料。

2. 绵羊动物学分类法

绵羊动物学分类法是指以绵羊的尾形差异和尾的大小为依据对绵羊进行分类的方法。尾形差异是指尾椎脂肪沉积的程度及外形特征；尾的大小是指尾的长度，即尾尖是否达到飞节或超过飞节以下。依照绵羊动物学分类法，可将绵羊分为以下几大类。

（1）短瘦尾羊。

短瘦尾羊尾短未达到飞节，尾椎无脂肪沉积，尾干细，如西藏羊、云南绵羊等。

（2）短脂尾羊。

短脂尾羊尾短未达到飞节，尾椎有脂肪沉积，但程度不高。如蒙古羊、湖羊、新疆和田羊。

(3) 长瘦尾羊。

长瘦尾羊尾细长超过飞节,但尾椎无脂肪沉积或脂肪沉积少,管理上需要断尾。绝大多数细毛羊和半细毛羊属于长瘦尾羊,如新疆细毛羊、中国美利奴羊、林肯羊等。

(4) 长脂尾羊。

长脂尾羊尾长超过飞节,尾椎上有大量脂肪沉积,尾大而长,如大尾寒羊等。

(5) 肥臀羊。

肥臀羊尾脂发达,分为两瓣,高附于臀部,如哈萨克羊等。

(二) 国内外主要绵羊品种

1. 我国主要绵羊品种

(1) 中国美利奴羊。

中国美利奴羊是1972—1985年间新疆巩乃斯种羊场、紫泥泉种羊场,内蒙古嘎达苏种畜场和吉林查干花种畜场4个育种场联合培育的。其父本为澳洲美利奴羊,属中毛型,体型结构良好,而4个育种场的基础母羊分别是波尔华斯羊、新疆细毛羊、波新一代及军垦细毛羊,采用级进杂交法,主要从二、三代中选择理想型个体,经横交固定,严格选留,精心培育而成。现有四个类型:新疆型、军垦型、吉林型和科尔沁型,主要分布在我国的新疆、内蒙古、吉林等羊毛主产区。

① 外貌特征。

中国美利奴羊具有体质结实,适应放牧饲养,毛丛结构好,羊毛长而明显弯曲,油汗白色或乳白色、含量适中均匀和净毛率高的特点。中国美利奴羊体形呈长方形,后躯肌肉丰满;公羊颈部有1~2个横皱褶和发达的纵皱褶,母羊有发达的纵皱褶;公、母羊躯干均无明显皱褶;公羊有螺旋形角,母羊无角;羊体胸宽深,背长,尾部平直而宽,四肢结实;羊毛覆盖头部至两眼连线,前肢达腕关节,后肢达飞节。

② 生产性能。

中国美利奴羊成年羊平均体重:公羊91.8 kg,母羊43.1 kg;平均剪毛量:种公羊16.0~18.0 kg,种母羊6.41 kg;毛长:公羊11~12 cm,母羊9~10 cm;细度64~70支(66支最常见),净毛率50%以上。成年羯羊屠宰前体重平均为51.9 kg,胴体重平均为22.94 kg,净肉重平均为18.04 kg,屠宰率平均为44.19%,净肉率平均为34.78%。产羔率为117%~128%。

(2) 新疆细毛羊。

1934年,以高加索羊、泊列考斯羊等品种为父本与以哈萨克羊、蒙古羊等品种为母本进行杂交,经长期选育,于1954年由农业部批准命名为"新疆毛肉兼用细毛羊",是我国育成的第一个细毛羊品种。

① 外貌特征。

新疆细毛羊体质结实,结构匀称。公羊鼻梁微有隆起,有螺旋形角,颈部有1~2

个横皱褶；母羊鼻梁呈直线，无角或只有小角，颈部有1个横皱褶或发达的纵皱褶。羊体覆白色的同质毛。

② 生产性能。

剪毛后平均体重：公羊88.01 kg，母羊48.6 kg。平均剪毛量：公羊11.57 kg，母羊5.24 kg。净毛率48.06%~51.53%，产羔率130%左右，屠宰率49.47%~51.39%。新疆细毛羊适应能力强，耐粗饲，增膘快，适应严峻的气候条件，冬季能扒雪采食，夏季能高山放牧。

（3）东北细毛羊。

东北细毛羊是我国育成的第二个细毛羊品种，主要产区在辽宁、吉林、黑龙江三省的西北部平原和部分丘陵地区。

① 外貌特征。

东北细毛羊体质结实，结构匀称，体躯长，后躯丰满，肢势端正。公羊有螺旋形角，颈部有1~2个横皱褶；母羊无角，颈部有发达的纵皱褶。被毛白色，毛丛结构良好，弯曲正常，油汗适中。东北细毛羊成年羊平均体高：公羊74.3 cm，母羊67.5 cm；平均体长：公羊80.6 cm，母羊72.5 cm；平均胸围：公羊105.3 cm，母羊95.5 cm。

② 生产性能。

剪毛后平均体重：公羊83.66 kg，母羊45.03 kg。平均剪毛量：公羊13.44 kg，母羊6.10 kg；净毛率35%~40%。平均毛长：公羊9.33 cm，母羊7.37 cm。平均产羔率125%，屠宰率38.8%~52.4%。

（4）内蒙古细毛羊。

内蒙古细毛羊原产于内蒙古，由美利奴羊、高加索羊、新疆细毛羊等与蒙古母羊杂交育成。主要分布于内蒙古、河北、河南、山东、山西、陕西、云南、江苏、安徽、黑龙江等地。

① 外貌特征。

内蒙古细毛羊体质结实，结构匀称。公羊多为螺旋形角，颈部有1~2个横皱褶；母羊无角，颈部有发达的纵皱褶。内蒙古细毛羊成年羊平均体高：公羊77.7 cm，母羊65.2 cm。平均体长：公羊79.5 cm，母羊70.3 cm。平均胸围：公羊112.4 cm，母羊92.1 cm。

② 生产性能。

剪毛后平均体重：公羊91.4 kg，母羊45.9 kg。平均剪毛量：公羊11.0 kg，母羊5.5 kg。净毛率36%~45%。毛长：公羊8~9 cm，母羊7.2 cm左右。产羔率110%~125%，屠宰率44.1%~48.4%。内蒙古细毛羊是典型的干旱寒冷草原地区大群放牧的品种，游牧力强，在-40 ℃和积雪20 cm的环境下仍能扒雪吃草。

（5）中国卡拉库尔羊。

中国卡拉库尔羊原产于新疆南部塔里木盆地的北缘、天山南麓和帕米尔高原以东的山前冲积平原地带，主要分布在新疆、内蒙古等地。从1951年开始，以卡拉库尔羊为父系，以库车羊、哈萨克羊和蒙古羊为母系，采用级进杂交的方法培育而成。

① 外貌特征。

中国卡拉库尔羊头稍长，鼻梁隆起，耳大下垂，公羊多数有角，螺旋形向两侧伸展，母羊多数无角。颈中等长，胸深、体宽、尻斜、四肢结实，尾基部宽大，尾尖呈"S"状弯曲，并下垂至飞节。毛色主要为黑色，灰色和苏尔色数量较少。黑色羔羊断奶后，被毛由黑色逐渐变成黑褐色，成年时变成灰白色；灰色羔羊成年时被毛变成白色；苏尔色羔羊成年时被毛变成棕白色；但头、四肢、腹部及尾尖的毛色终生不变。

② 生产性能。

平均初生重：公羊4.5 kg，母羊3.9 kg；平均成年重：公羊77.3 kg，母羊46.3 kg。羔皮（出生后3天以内屠宰剥皮）光泽正常或强丝光性，毛卷以平轴卷、鬈形卷为主。99%为黑色，极少数为灰色和苏尔色。羔皮品质低劣的羔羊在出生后1月龄宰剥的毛皮（二毛皮），光泽好，花穗清晰，耐磨、耐穿、美观，是制裘皮的好原料。产羔率105%~115%。

(6) 乌珠穆沁羊。

乌珠穆沁羊原产于内蒙古乌珠穆沁草原，主要分布在东乌珠穆沁旗和西乌珠穆沁旗，以及毗邻的锡林浩特市、阿巴嘎旗部分地区。乌珠穆沁羊属肉脂兼用型短尾粗毛羊，以体大、尾大、肉脂多、羔羊生产发育快而著称。乌珠穆沁羊是在当地特定的自然气候和生产方式下，经过长期的自然和人工选择而逐渐育成的，是我国古老的三大粗毛羊之一的蒙古羊的典型代表和优秀类群，是国家重点保种群体。

① 外貌特征。

乌珠穆沁羊体质结实，体格大，头中等大小，额稍宽，鼻梁微隆起。公羊大多无角，少数有角；母羊多无角。胸宽深，肋骨开张良好，胸深接近体高的1/2，背腰宽平，后躯发育良好；肌肉丰满，结构匀称。四肢粗壮，有小脂尾。以黑头羊居多，约占62.1%，全身白色的约占10%，体躯花色的约占11%。

② 生产性能。

裘皮、皮板厚而结实，保暖，羊毛柔软，多为半环形花卷，牧民称之为"乌珠尔"皮，羔皮是制袍的好材料。平均初生重：公羊4.58 kg，母羊3.82 kg；6~7月龄平均体重：公羊39.6 kg，母羊35.9 kg；成年平均体重：公羊74.43 kg，母羊57.4 kg，羯羊73.0 kg；平均屠宰率58.4%，平均净肉率37.8%，尾及内脏脂肪平均重8.3 kg。平均产羔率100.2%。

(7) 欧拉羊。

欧拉羊是我国古老的三大粗毛羊之一的西藏羊的典型代表和优秀类群，主要分布在甘肃省甘南藏族自治州的欧拉乡及毗邻的大部分地区，是国家重点保种群体。

① 外貌特征。

欧拉羊体格大，被毛杂色、白色和黑色，呈毛辫结构。公、母羊均有角，公羊角呈螺旋状向上向外弯曲；头呈三角形，鼻梁隆起，四肢高长，体躯呈矩形；尾为楔形小尾，长12~15 cm，被毛由混型毛组成。

② 生产性能。

成年平均体重：公羊75.85 kg，母羊58.51 kg。成年羯羊屠宰率49.14%~52.77%。平均剪毛量：公羊1.11 kg，母羊0.93 kg；平均净毛率70%，毛辫平均自然长度11.77 cm。耐寒、耐粗饲，善于游牧，合群性好。繁殖率较低，1年1胎，1胎1只。

（8）阿勒泰羊。

阿勒泰羊分布于新疆哈萨克族的聚居地区——阿勒泰等地，是我国古老的三大粗毛羊之一的哈萨克羊的典型代表和优秀类群，是国家重点保种群体。

① 外貌特征。

阿勒泰羊鼻梁稍隆起，耳大下垂，公羊有较大的螺旋形角，母羊多数无角。肌肉发育良好，后躯高，臀部丰满，四肢高大结实。沉积在尾椎附近的脂肪形成方圆的"臀脂"。被毛以棕红色为主，还有纯黑色、纯白色或白体黄、黑头者。

② 生产性能。

阿勒泰羊体格大，肉脂生产性能良好。初生重：公羊5.0~5.4 kg，母羊4.5~4.9 kg；成年平均体重：公羊85.6 kg，母羊67.4 kg。被毛异质，剪毛量1.63~2.04 kg，净毛率约71.24%，产羔率约110.3%，屠宰率50.9%~53.0%，臀脂重2.96~7.10 kg。适宜高原放牧。

（9）小尾寒羊。

小尾寒羊主要分布于河北南部、河南东部和北部、山东南部及皖北、苏北一带，现已被引种到全国20多个省（自治区、直辖市）。小尾寒羊原属蒙古羊，是在中原农区经过长期选育形成的、繁殖力强并生长发育快的地方良种。

① 外貌特征。

小尾寒羊头略显长，鼻梁隆起，耳大下垂。公羊有角，呈三棱形螺旋状；母羊多数有小角或角根；颈较长，背腰平直，体躯高大，前后躯发育匀称，四肢粗壮，蹄质结实。尾略呈椭圆形，下端有纵沟，尾长在飞节以上。被毛白色。

② 生产性能。

小尾寒羊被毛属混型毛，平均剪毛量：公羊3.5 kg，母羊2.1 kg；净毛率约63.0%，毛长11.5~13.3 cm。生长发育快，肉用性能好。平均初生重：公羊3.61 kg，母羊3.84 kg；3月龄平均体重：公羊20.77 kg，母羊17.24 kg；周岁平均体重：公羊60.83 kg，母羊41.33 kg；成年平均体重：公羊94.15 kg，母羊48.75 kg。屠宰率约55.6%。性成熟早，母羊四季发情，通常2年产3胎，优良条件下1年产2胎，每胎产双羔，三羔者也较常见，产羔率约为270%，居我国地方绵羊品种之首。

（10）国内其他绵羊品种（表2-1-1）。

表2-1-1　国内其他绵羊品种

品种名称	分布	外貌特征	生产性能
大尾寒羊	河北的邯郸、邢台、沧州等，山东的聊城；存栏量45万只以上	被毛白色，头略显长，鼻梁隆起，耳大下垂，公、母羊均无角，胸窄，后躯发达，脂尾肥大，下垂到飞节以下，长者可拖到地面，尾尖向上翻卷，形成明显尾沟；体高64.1～73.6 cm，体长68.5～74.1 cm，胸围87.3～91.0 cm，尾长33.0～48.1 cm	成年平均体重：公羊72.0 kg，母羊52.0 kg；周岁平均体重：公羊51.5 kg，母羊43.1 kg；剪毛量2.7～3.3 kg，毛长10.1～11.3 cm；性成熟5～7月龄，常年发情，产羔率185%～196%，肉脂性能突出，羔皮、毛皮及板皮质量较高
湖羊	浙江、江苏、上海，存栏量170万只以上	头狭长，鼻梁隆起，耳大下垂，无角，颈、躯干和四肢细长，肩胸不够发达，十字部稍高于鬐甲，尾呈扁圆形，全身白毛	体重：公羊48.68±8.69 kg，母羊36.49±5.26 kg；被毛由多种纤维类型组成，羔皮皮板轻柔，花纹呈波浪形，光润美观；性成熟早，四季发情，母性好，泌乳性能强；肉细嫩，无膻味
滩羊	宁夏中部、陕西定边、甘肃景泰、内蒙古乌达等，存栏量约250万只	体格中等，公羊有大而弯曲的螺旋形角，母羊无角，体躯较窄长，四肢较短而端正，尾长达飞节以下，尾根宽，尾尖细而圆，部分尾尖钩状弯曲，体躯大多为白色，头、面部有斑块	体重：公羊47.0 kg，母羊35.0 kg；剪毛量：公羊1.6～2.7 kg，母羊0.4～2.0 kg；毛长8～15.5 cm，净毛率约65%，产羔率101%～103%；肉细嫩，无膻味，屠宰率45%左右；二毛皮毛股紧实，花穗美丽，光泽悦目，保暖，结实，轻便不毡结
岷县黑裘皮羊（岷县黑紫羔皮羊）	甘肃的岷县、渭源等，存栏量10万只以上	头清秀，鼻梁隆起，公羊有角，向后向外螺旋，母羊多无角，颈长适中，四肢端正，尾小呈锥形，体格纤细，紧凑灵活，全身黑毛	成年平均体重：公羊31.1 kg，母羊27.5 kg；二毛裘皮，毛长7 cm以上，毛股花穗明显，尖端环形，3～5个弯曲，光泽悦目，轻薄；屠宰率44.23%，1年1胎，1胎1羔
青海黑裘皮羊（贵德紫羔皮羊）	青海的贵南、贵德、尖扎等，存栏量2万余只	公、母羊均有角，公羊角扁形扭转并向两侧伸展，鼻梁隆起，两耳下垂，体质结实，体型呈长方形，尾小呈锥形，毛色有黑色、灰色和褐色	成年平均体重：公羊56.0 kg，母羊43.0 kg；毛长：公羊19.0 cm，母羊18.3 cm；二毛皮毛股长4～7 cm，光泽悦目，图案美观，皮板致密；屠宰率约46.0%，繁殖率约85%

2. 国外优良绵羊品种

（1）澳洲美利奴羊。

澳洲美利奴羊是世界上著名的细毛羊品种，原产于澳大利亚，现已输往世界许多国家。根据体重、产毛量、羊毛细度和长度、净毛率等的不同，澳洲美利奴羊分为超细型、细毛型、中毛型和强毛型四种类型。其中，超细型和细毛型，主要分布于澳大利亚新南威尔士州北部和南部地区、维多利亚州西部地区和塔斯马尼亚岛；中毛型，分布于新南威尔士州西部地区、昆士兰中部地区等；强毛型，分布于南澳和西澳等地区。

① 外貌特征。

澳洲美利奴羊体形近似长方形，腿短，体宽，背部平直，后肢肌肉丰满。公羊颈部有1~3个发育完全或不完全的横皱褶，母羊有发达的纵皱褶，有角或无角。毛丛结构良好，密度大，细度均匀，油汗白色，弯曲均匀整齐而明显，光泽良好。羊毛覆盖头部至两眼连线，前肢达腕关节，后肢达飞节。

② 生产性能。

不同类型澳洲美利奴羊的生产性能如表2-1-2所示。

表 2-1-2　不同类型澳洲美利奴羊的生产性能

类型	体重/kg		产毛量/kg		细度/支	净毛率/%	毛长/cm
	公羊	母羊	公羊	母羊			
超细型	50~60	34~40	7~8	4~4.5	≥70	65~70	7.0~8.7
细毛型	60~70	34~42	7.5~8	4.5~5	64~66	63~68	约8.5
中毛型	65~90	40~44	8~12	5~6	60~64	62~65	约9.0
强毛型	70~100	42~48	8~14	5~6.3	58~60	60~65	约10.0

（2）萨福克羊。

萨福克羊原产于英国东部和南部丘陵地区，是用南丘公羊和黑面有角诺福克母羊杂交，在后代中经严格选择和横交固定育成，以萨福克郡命名。现广布世界各地，是世界公认的用于终端杂交的优良父本品种。

① 外貌特征。

萨福克羊体格大，头、耳较长，颈长而粗，胸宽而深，背腰和臀部长、宽、平，四肢粗壮，后躯发育丰满，呈桶形，公、母羊均无角。体躯被毛白色，脸和四肢黑色或深棕色，并覆盖刺毛。早熟，生长快，肉质好，繁殖率很高，适应性很强。

② 生产性能。

成年体重：公羊100~110 kg，母羊60~70 kg；剪毛量：公羊5~6 kg，母羊2.5~3.0 kg；产羔率130%~140%；早熟，4月龄肥羔胴体重9.7~24.2 kg。

(3) 国外其他绵羊品种（表2-1-3）。

表2-1-3 国外其他绵羊品种

品种	产地	外貌特征	生产性能
高加索细毛羊	俄罗斯斯塔夫罗波尔地区，1949年前引入我国	体长而大，结实，结构良好，胸宽，背平，颈有1~3个横皱褶，体躯有小皱褶，被毛良好	成年体重：公羊90~100 kg，母羊50~55 kg；剪毛量：公羊12~14 kg，母羊6.0~6.5 kg；净毛率40%~42%，毛长7~9 cm，细度约64支；产羔率130%~140%
考摩羊	澳大利亚，20世纪70年代引入我国	体质结实，体大而丰满，胸部宽深，颈皱褶不明显，四肢端正	成年体重：公羊90 kg以上，母羊50 kg以上；平均剪毛量：公羊7.5 kg，母羊4.5 kg；毛长10 cm以上；适应性良好
德国美利奴羊	德国，1958年引入我国	体格大，成熟早，胸宽深，背腰平直，肌肉丰满，后躯发育良好，公、母羊均无角	成年体重：公羊100~140 kg，母羊70~80 kg；剪毛量：公羊10~11 kg，母羊4.5~5.0 kg；净毛率45%~52%，产羔率140%~175%；早熟，6月龄羔重40~55 kg，日增重300~350 g，屠宰率47%~49%
罗姆尼羊	英国东南部肯特郡，1966年引入我国	体质结实，无角，额、颈短，体宽深，背部较长，前躯丰满，后躯发达，被毛白色，品质好，蹄黑色，鼻唇暗色，耳及四肢有斑点	成年体重：公羊90~110 kg，母羊80~90 kg；剪毛量：公羊7~7.5 kg，母羊3.5~4 kg；产羔率约120%，早熟，发育快，4月龄肥羔胴体重20.6~22.4 kg；以新西兰罗姆尼羊肉用体型最好
考力代羊	新西兰，1949年前后引入我国	头较宽，额上有长毛，无角，颈短而宽，背腰宽平，肌肉丰满，后躯良好，被毛白色，覆盖良好	成年体重：公羊100~105 kg，母羊46~65 kg；剪毛量：公羊10~12 kg，母羊5~6 kg；产羔率110%~130%，早熟，4月龄羔重35~40 kg
无角道赛特羊	澳大利亚、新西兰，20世纪八九十年代引入我国	公、母羊均无角，颈粗短，胸宽深，背腰平直，躯体呈圆桶状，四肢粗短，后躯丰满，全身白色	成年体重：公羊90~100 kg，母羊55~65 kg；剪毛量2~3 kg，胴体品质和产肉性能好，产羔率约130%，可用作大型羔羊肉的父系
有角道赛特羊	英国道赛特郡，20世纪80年代末开始引入我国	公、母羊都有卷曲的角，体长而宽深，肌肉丰满，后躯良好，全身白毛	成年体重：公羊90~120 kg，母羊54~72 kg；剪毛量约6 kg，产羔率130%~180%；肉质好，产肉力强，4月龄肥羔胴体重19.7~23.4 kg
夏洛来羊	法国夏洛来地区，20世纪80~90年代引入我国	头部无长毛，脸部呈粉红色或灰色，额宽、平且大，体长，胸宽深，背腰平直，肌肉丰满，后躯宽大，后肢呈"门"形，四肢较短	成年体重：公羊110~140 kg，母羊54~72 kg；周岁体重：公羊70~90 kg，母羊50~70 kg；4月龄体重35~40 kg；屠宰率约50%，肉质好，瘦肉多；产羔率180%以上

二、山羊品种

(一) 乳用山羊品种

乳用山羊是以泌乳期长、产奶量高、产羔率高、体大等为主要生产特点的山羊品种。主要品种有萨能奶山羊、吐根堡奶山羊、崂山奶山羊、关中奶山羊等。

1. 萨能奶山羊

萨能奶山羊原产于瑞士,是世界上著名的奶山羊品种,现已广泛分布于世界各地。我国引入作为乳用山羊的改良种,杂交效果显著,很多奶山羊品种都有萨能奶山羊血统。

(1) 外貌特征。

萨能奶山羊具有乳用家畜特有的楔形体形。被毛白色、粗短,头长,面直,耳长直立,皮薄,且呈粉红色,大龄羊鼻端、耳和乳房上有黑斑。公、母羊均有须,但大多无角,有些个体有肉垂,母羊颈细长,公羊颈粗壮。胸宽深,背腰宽长,尻宽长。母羊腹大而不下垂,向前伸延、向后突出,乳房柔软,有一对乳头。四肢结实,蹄呈蜡黄色。

(2) 生产性能。

萨能奶山羊性成熟早,产奶量高。泌乳期300天以上,产奶量600~1 000 kg,乳脂率3.5%~4%。个体产奶纪录是一个泌乳期产奶3 430 kg。产羔率160%~220%,利用年限6~8年。

2. 吐根堡奶山羊

吐根堡奶山羊原产于瑞士东北部的吐根堡盆地,因具有适应性强、产奶量高等特点而被欧洲、美洲、亚洲、非洲及大洋洲的许多国家大量引入,进行纯种繁育和改良地方品种,与萨能奶山羊同享盛名。我国在抗日战争前引入,饲养在四川、山西、东北等地。吐根堡奶山羊比萨能奶山羊更能适应舍饲,更适合南方饲养。

(1) 外貌特征。

吐根堡奶山羊体形略小于萨能奶山羊,被毛褐色或浅褐色,有长毛和短毛两种类型,颜面两侧各有一条灰白色的条纹。公、母羊均有须,多数无角。长毛型的大腿和背部长有20 cm左右的粗毛,短毛型的则无。颜面及四肢有白色或浅灰色条带,四肢下部、腹部及尾部两侧的灰白色及浅白色乳镜是吐根堡奶山羊的典型特征。

(2) 生产性能。

成年平均体重:公羊99.3 kg,母羊59.9 kg;母羊平均泌乳期287天,泌乳量600~1 200 kg,各地产奶量有差异。个体产奶纪录3 160 kg。产奶品质好,膻味小。吐根堡奶山羊体质健壮,遗传性能稳定,耐粗饲、耐炎热,比萨能奶山羊更能适应舍饲。

3. 崂山奶山羊

崂山奶山羊是我国培育成功的优良奶山羊品种之一,原产于我国山东省崂山地区,是用瑞士优良羊种与当地羊杂交培育而成的,在我国大部分地区都有分布。

(1) 外貌特征。

崂山奶山羊体质结实,结构匀称,公、母羊大多无角,颈下有肉垂,胸部较深,背腰平直,腹大而不下垂;母羊后躯及乳房发育良好,被毛白色。

(2) 生产性能。

成年平均体重:公羊 75.5 kg,母羊 47.7 kg。1 胎平均泌乳量 557 kg,2、3 胎平均泌乳量 870 kg,泌乳期一般为 8~10 个月,乳脂率约为 4.0%。屠宰率:成年母羊约 41.6%,6 月龄公羔约 43.4%。羔羊 5 月龄可达性成熟,7~8 月龄体重达 30.3 kg 以上即可初配,平均产羔率 180%。

4. 关中奶山羊

关中奶山羊原产于陕西渭河平原,是以当地山羊为基础,利用萨能奶山羊经过长期杂交选育而成的乳用品种。主要分布于关中的富平、蒲城、泾阳、三原等 8 个基地县。

(1) 外貌特征。

关中奶山羊体质结实,乳用特征明显,头长额宽,眼大耳长,鼻直嘴齐。母羊颈长,胸宽,背腰平直,腹大而不下垂,乳房大且质地柔软;公羊头大颈粗,胸部宽深,腹部紧凑,外形雄伟。毛短色白,皮肤呈粉红色,部分羊有角、须和肉垂。

(2) 生产性能。

关中奶山羊性成熟早、繁殖力强,平均泌乳期 8 个月,泌乳量 500~600 kg,乳脂率 3.6%~3.8%。公、母羊性成熟一般在 4~5 月龄。公、母羊多在 7~8 月龄配种,多产双羔,产羔率平均为 108%。

(二) 肉用山羊品种

肉用山羊是以早熟多羔、早期生长发育快、产肉率和屠宰率高、肉质鲜美为主要生产特点的山羊品种。主要品种有波尔山羊、南江黄羊、陕南白山羊、黄淮山羊、贵州白山羊等。

1. 波尔山羊

波尔山羊原产于南非,作为种用,目前已被非洲许多国家及新西兰、澳大利亚、德国、美国、加拿大、英国等国家引进。波尔山羊被称为世界"肉用山羊之王",具有体形大、生长快、繁殖力强、产羔多、屠宰率高、产肉多、肉质细嫩、耐粗饲、适应性强和抗病力强的特点。

(1) 外貌特征。

波尔山羊被毛短密、白色,头、颈棕色并带有白斑,耳大下垂,头平直。公羊鼻梁稍隆起,角向后向外弯曲呈镰刀状,母羊角小而直立。体质强壮,头、颈及前肢比较发达，体躯匀称且宽深，胸部发达，背部结实宽厚，肋骨开张良好，臀部丰满，四肢粗壮，结实有力。

（2）生产性能。

公羊体高75~90 cm，体长85~95 cm；母羊体高65~75 cm，体长70~85 cm。初生重约4.15 kg，瘦肉多，肉质细嫩，膻味小，味道鲜美。波尔山羊具有较好的繁殖性能，一年多次发情，6月龄性成熟，产羔率150%~220%，1年2胎或2年3胎。波尔山羊性情温顺，适应性强，抗病力强。

2. 南江黄羊

南江黄羊原产于四川省南江县，是以纽宾奶山羊、成都麻羊、金堂黑山羊为父本，南江本地山羊为母本，又导入吐根堡奶山羊血统，通过复杂杂交培育而成的。现已推广到宣汉、广元等地及浙江、陕西、河南等省。

（1）外貌特征。

公、母羊大多有角，头较大，颈部较粗，体形高大，背腰平直，后躯比较丰满，体躯近似圆桶形，四肢粗壮，被皮呈黄褐色，面部多呈黑色。鼻梁两侧有一条浅黄色条纹，从头顶至尾根沿背脊有一条黑色毛带，前胸、颈、肩和四肢上段长有黑而长的粗毛。

（2）生产性能。

6月龄体重：公羔16.18~21.07 kg，母羔14.96~19.13 kg；成年体重：公羊57.3~58.5 kg，母羊38.3~45.1 kg。在放牧条件下，6月龄体重约21.6 kg，胴体重约9.6 kg。屠宰率约45.12%，净肉率约29.63%，产羔率187%~219%。四季发情，泌乳性能好，抗病力强，耐粗放管理，适应性强，板皮品质好。

（三）毛用山羊品种

毛用山羊是以产优质羊毛为主的山羊品种。如安哥拉山羊，原产于土耳其安哥拉地区，是世界上最著名的毛用山羊品种，所产山羊毛在国际市场上称马海毛。马海毛比绵羊毛光滑，具有丝光，纤维强度大，可纺性好，是国际市场上的紧俏商品。安哥拉山羊的外貌特征与生产性能如下：

（1）外貌特征。

全身白毛，被毛由波浪形或螺旋状的毛辫组成，毛辫可垂至地面，头、腿长有短刺毛。公、母羊均有角，耳大下垂。头较小，鼻梁平直，胸窄狭，肋骨扁平，尻斜，骨细，体质较弱。

（2）生产性能。

成年体重：公羊50~55 kg，母羊32~35 kg；产肉少。泌乳量70~100 kg，仅够哺育羔羊。剪毛量：公羊4.5~6.0 kg，母羊3~4 kg；净毛率65%~85%，羊毛细度40~46支，长度30 cm。生长发育慢，性成熟晚，1.5岁后才可发情配种；繁殖力弱，遗传性能稳定，改良效果良好。

(四) 裘皮和羔皮山羊品种

裘皮山羊是以产花穗紧实美丽的二毛裘皮为主的山羊品种，主要品种有中卫山羊等。羔皮山羊是以产图案美观的羔皮为主的山羊品种，主要品种有济宁青山羊等。

1. 中卫山羊

中卫山羊又称沙毛山羊，原产于宁夏的中宁、同心、海原及甘肃的景泰、靖远等县，现已分布于宁夏南部及全国10多个省（区）。

（1）外貌特征。

毛色纯白的占75%，纯黑的较少。羔羊体躯短，全身长着弯曲的毛辫，呈细小萝卜丝状，光泽良好，有丝光。成年羊头清秀，额部丛生长毛一束。公、母羊均有长须。公羊角粗大向上、向后、向外伸展呈半螺旋状，母羊角较细短，多呈小镰刀形。体形中等，体躯短深。

（2）生产性能。

产羔率约103%，初生羔毛长约4.4 cm，毛股有3~4个弯曲，初生重2.5~2.7 kg，够毛时约35日龄，毛长7~8 cm。公羔重4.5~8 kg，母羔重4~6 kg时，宰剥二毛皮。

2. 济宁青山羊

济宁青山羊原产于山东省菏泽市、济宁市的10多个县，品质优秀的产地有菏泽的郓城、巨野、曹县，济宁的嘉祥、金乡等县，现已推广到华南、西北、东北等地。

（1）外貌特征。

毛色是由黑、白二色毛混生而构成的青色，前膝为青黑色，故有"四青一黑"的特征。由于黑白毛的比例不同，济宁青山羊分为三个类型：正青（黑毛30%~50%）、粉青（黑毛30%以下）、铁青（黑毛50%以上）。由于被毛的粗细和长短不同，济宁青山羊分为四个类型：细长毛型、细短毛型、粗长毛型和粗短毛型。以细长毛型的猾子皮质量最好。济宁青山羊头较小，额宽而凸，有角，有须，体小，俗称"狗羊"。

（2）生产性能。

羔羊出生后40~60天可初次发情，一般4个月可配种，1岁可产1胎，1胎繁殖率约203.6%，3~4岁时可达300%，产后第一个发情期在20~40天，1年2胎。初生重1.3~1.7 kg，出生后3天宰剥的羔皮称青猾子皮。

(五) 绒用山羊品种

绒用山羊是以产优质山羊绒为主的山羊品种。主要品种有辽宁绒山羊、内蒙古绒山羊、白绒山羊等。山羊绒质地纤细、手感柔软而光滑、拉力强、富有弹性、光泽明亮而易着色，是生产高档羊绒衫的主要原料，与羊毛衫相比，羊绒衫更加轻便保暖，市场供不应求。

1. 辽宁绒山羊

辽宁绒山羊原产于辽宁省东南部，中心产区在盖州市的东部。近年来被引入西北及内蒙古等地区,用于改良当地羊,效果良好。

(1) 外貌特征。

辽宁绒山羊体质结实,体形匀称,额上有长毛。公、母羊均有须、有角,公羊角粗长呈螺旋形向两侧伸展,母羊角向后向上伸展。毛色纯白,外层毛稀疏,长而无弯曲,有丝光,内层绒毛厚密。

(2) 生产性能。

成年公羊产毛约 0.5 kg,毛长约 18.56 cm;产绒约 0.54 kg,绒长约 5.6 cm。成年母羊产毛约 0.43 kg,毛长约 14.4 cm;产绒约 0.47 kg,绒长约 5.28 cm。绒有丝光,产绒率高,品质好。辽宁绒山羊是世界白色绒用高产品种。

2. 内蒙古绒山羊

内蒙古绒山羊主要分布于内蒙古西部地区。

(1) 外貌特征。

全身被毛白色的约占 86%,其他为黑色或紫色。公、母羊均有角,公羊角自上向后外方捻曲,母羊角软且细小。有须,耳大向两侧半下垂,额部有软长的卷毛一束。背腰平直,后躯略高,尾上翘,外层粗毛较长,有丝光,内层绒毛厚密。

(2) 生产性能。

以阿拉善左旗的绒山羊性能最好,平均产绒量 316.5 g,最高达 875.0 g,绒长 5.0~6.5 cm;平均产毛量 359.0 g,最高达 880.0 g,毛长 12~20 cm。繁殖率 101%~105%,屠宰率 40%~50%。

(六) 国内其他普通山羊 (表 2-1-4)

表 2-1-4　国内其他普通山羊

品种	产地	外貌特征	生产性能
成都麻羊	成都平原及附近丘陵地区	骨架大,体躯丰满,胸部发达,公、母羊均有角、有须,全身褐毛,背线为黑色,鬐甲处有黑色毛带,与背黑线相交形成十字形	公羊体重约 42 kg,母羊体重约 36 kg,初生重约 2.19 kg,45~60 天断奶,屠宰率 42%~45%,泌乳期 5~8 个月;皮板细致紧密,拉力强;四季发情,1 年 2 胎,1 胎 2~3 只
马头山羊	湖南、湖北及相邻的四川、陕西、贵州、河南地区	无角,公羊头部生有长毛至眼线,多为白色;双脊者品质高	公羊体重约 32.3 kg,母羊体重约 30.96 kg,屠宰率 49.7%~55.3%;皮板致密,质量好;全年发情,4~6 月龄配种,繁殖率 182%~229%
承德无角山羊	河北省东北部,已被引入河南、内蒙古、山东等地区	被毛以黑色为主,无角但有角痕,有须,胸宽,颈深,向前方突出,肉用体型明显	公羊体重约 54.4 kg,母羊体重约 41.5 kg;生长快,6 月龄体重达成年羊的 44.6%~51.8%;剪毛量:公羊约 518 g,母羊约 251 g;产绒量:公羊约 240 g,母羊约 114 g;屠宰率 46%~50%,产羔率约 111%

续表

品种	产地	外貌特征	生产性能
太行山羊	山西、河北、河南交界的太行山区	毛色有灰色、黑色、白色和褐色,以头部全黑色、体躯灰色者较多,有角,背腰平直,四肢健壮,蹄质结实,被毛以白色为主,有长毛型、短毛型	公羊体重约43.2 kg,母羊体重约35.7 kg;产毛量约360 g,毛长约20 cm,产绒量150~180 g,绒长4.7~5.3 cm,羊毛细度19 μm;屠宰率40.7%~48.0%,繁殖率102%~110%
雷州山羊	广东雷州半岛一带	被毛黑色或褐色,有须,有角,鼻、额稍突出,胸稍窄,腹不大	公羊体重约50 kg,母羊体重约43 kg;屠宰率40%左右;皮板致密;1年2胎,每胎1~2只

模块二 羊的日粮配合

一、羊的生物学特性和消化特点

（一）羊的生物学特性

1. 合群性强

羊的群居行为很强,很容易建立起群体结构,主要通过视、听、嗅、触等感观活动来传递和接受各种信息。在自然群体中,羊群的头羊多由年龄较大、子孙较多的母羊来担任,也可利用羊行动敏捷、易于训练及记忆力好的特点来选头羊。

一般来讲,绵羊的合群性好于山羊;绵羊中粗毛羊的合群性好于细毛羊;肉用羊的合群性最差。夏、秋季牧草丰盛时,羊的合群性好于冬、春季牧草较差时。在羊群出圈、入圈、过河、过桥、饮水、换草场等活动中,只要头羊先行,其他羊只即会跟随头羊前进并发出保持联系的叫声,这为生产中的大群放牧提供了方便。但也正是因为羊的群居行为很强,不同羊群间的距离很近时,容易混群,故在管理上应避免混群。

2. 采食能力强

羊的颜面细长,嘴尖,唇薄齿利,上唇中央有一纵沟,运动灵活,下颚门齿向外有一定的倾斜度,对采食地面低草、小草、花蕾和灌木枝叶很有利,对草籽的咀嚼也很充分,素有"清道夫"之称。

绵羊和山羊的采食特点有明显不同:山羊后肢能站立,有助于采食高处的灌木或乔木的幼嫩枝叶,而绵羊只能采食地面上或低处的杂草与枝叶;绵羊与山羊合群放牧时,山羊总是走在前面抢食,而绵羊则慢慢跟随在后边低头啃食;山羊舌上苦味感受器发达,较乐意采食各种苦味植物。

3. 喜干厌湿

"羊喜干厌湿,最忌湿热温寒,利居高燥之地",说明养羊的牧地、圈舍和休息场所，都以高燥为宜。如久居泥泞潮湿之地，羊易患寄生虫病和腐蹄病，甚至毛质降低，脱毛加重。不同的绵羊、山羊品种对气候的适应性不同，如细毛羊喜欢温暖、干旱或半干旱的气候，而肉用羊和肉毛兼用半细毛羊则喜欢温暖、湿润，全年温差较小的气候，但长毛肉用品种的罗姆尼羊，较耐湿热气候，适应沼泽地，对腐蹄病有较强的抵抗力。

根据羊对湿度的适应性，一般相对湿度高于85%时为高湿环境，低于50%时为低湿环境。我国北方很多地区相对湿度在40%~60%，故适于养羊，特别是养细毛羊；而在南方的高湿高热地区，则较适于养山羊和长毛肉用羊。

4. 嗅觉灵敏

羊的嗅觉比视觉和听觉更灵敏，这与其发达的腺体有关。其具体作用表现在以下三个方面：

（1）靠嗅觉识别羔羊。羔羊出生后与母羊接触几分钟，母羊就能通过嗅觉识别出自己的羔羊。羔羊吃乳时，母羊总要先嗅一嗅其臀部，以辨别是不是自己的羔羊，利用这一点，可在生产中寄养羔羊，即在被寄养的孤羔或多胎羔身上涂抹保姆羊的羊水或尿液，寄养多会成功。

（2）靠嗅觉辨别植物种类或枝叶。羊在采食时，能依据植物的气味和外表辨别出各种植物或同一植物的不同品种（系），选择含蛋白质多、含粗纤维少、没有异味的植物采食。

（3）靠嗅觉辨别饮水的清洁度。羊喜欢饮清洁的流水、泉水或井水，而对污水、脏水等拒绝饮用。

5. 善于游走

游走有助于增加放牧羊只的采食空间，特别是牧区的羊终年以放牧为主，须长途跋涉才能吃饱喝好，故常常一日往返里程达到6~10 km。山羊具有平衡步伐的良好机能，喜登高、善跳跃，可在崇山峻岭、悬崖峭壁上采食，如山羊可走直上直下60°的陡坡，而绵羊则须斜向做"之"字形游走。

6. 适应能力强

适应性是由许多性状构成的一个复合性状，主要包括耐粗、耐渴、耐热、耐寒、抗病、抗灾度荒方面的表现。这些能力的强弱，不仅直接关系到羊生产力的发挥，而且决定着各个品种的发展命运。

（1）耐粗性。羊在极端恶劣条件下，具有令人难以置信的生存能力，能依靠粗劣的秸秆、树叶维持生活。与绵羊相比，山羊更耐粗，除了能采食各种杂草外，还能啃食一定数量的草根和树皮，对粗纤维的消化率比绵羊要高出3.7%。

（2）耐渴性。羊的耐渴性较强，尤其是当夏秋季缺水时，它能在黎明时分，沿牧场快速移动，用唇和舌接触牧草，以搜集叶上凝结的露珠。相较而言，山羊更耐渴，山羊每千克体重代谢需水188 mL，绵羊则需水197 mL。

（3）耐热性。由于羊毛有隔热作用，能阻止太阳辐射热迅速传到皮肤，所以羊较耐热。绵羊的汗腺不发达，蒸发散热主要靠呼吸，其耐热性较山羊差，故当夏天中午炎热时，绵羊常有停食、喘气、"扎窝子"（指羊挤在一起）等现象出现；而山羊却从不参加"扎窝子"，照常东游西窜，气温37.8 ℃时仍然继续采食。

（4）耐寒性。由于绵羊有厚密的被毛和较多的皮下脂肪，可以减少体热散发，所以其耐寒性好于山羊。细毛羊及其杂种的被毛虽厚，但皮板轻薄，故其耐寒能力不如粗毛羊；长毛肉用羊原产于英国的温暖地区，皮薄毛稀，引入严寒之地，为了增强抗寒能力，皮肤常会增厚，被毛有变短的倾向。

（5）抗病力。放牧条件下的各种羊，只要能吃饱饮足，一般全年发病较少。在夏秋膘肥时期，对疾病的耐受能力较强，一般不会表现症状，有的临死时还勉强吃草跟群。为了做到早治，必须细致观察，才能及时发现羊发病。山羊的抗病能力强于绵羊，感染内寄生虫和腐蹄病的也较少。粗毛羊的抗病能力较细毛羊及其杂种羊强。

（6）抗灾度荒能力。指羊对恶劣饲料条件的忍耐力，其强弱除了与放牧采食能力有关外，还取决于脂肪沉积能力和代谢强度。各种羊的抗灾度荒能力不同，故因灾死亡的比例相差很大。例如，山羊因食量较小，食性较杂，抗灾度荒能力强于绵羊；细毛羊因羊毛生长需要大量的营养，而又因被毛的负荷较重，故易乏瘦，其损失比例明显大于粗毛羊；公羊因强悍好斗，异化作用强，配种时期体力消耗大，如无补饲条件，则其损失比例要比母羊大，特别是育成公羊。

（二）羊的消化特点

1. 羊消化器官的特点

羊属于反刍类家畜，具有复胃结构。羊的胃有瘤胃、网胃、瓣胃和皱胃四个室，其中，前三个室总称为前胃，胃壁黏膜无胃腺，犹如单胃的无腺区；皱胃称为真胃，胃壁黏膜有腺体，其功能与单胃的有腺区相同。

瘤胃容量最大，约23.4 L，占整个胃容量的79%左右；其功能是贮存较短时间采食的未经充分咀嚼而咽下的大量牧草，待休息时反刍，内有大量的能够分解消化食物的微生物。网胃又叫蜂巢胃，内壁如蜂巢状，容量约2.0 L，占整个胃容量的7%左右。瓣胃黏膜形成新月状的瓣叶，对食物起机械压榨作用。皱胃可分泌胃液（主要是盐酸和胃蛋白酶），对食物进行化学性消化。羊一次采食的大量饲料进入瘤胃后经过浸泡、软化、混合而进行生物学消化。在休息时再反刍，经反刍过的稀、细食物进入网胃、网瓣口到达瓣胃，而后进入真胃。饲料在真胃中在胃液的作用下进行化学性消化。

羊的小肠细长曲折，长度约为25 m，相当于体长的26~27倍。胃内容物进入小肠后，经各种消化液（胰液和肠液等）进行化学性消化，分解的营养物质被小肠吸收，未被消化的食物，经小肠的蠕动进入大肠。

大肠的直径比小肠大，长度比小肠短，约为8.5 m。大肠的主要功能是吸收水分和形成粪便。在小肠中没有被消化的食物进入大肠后，可在大肠中的微生物和由小肠带入大肠的各种酶的作用下，继续被消化吸收，余下部分排出体外。

2. 羊消化的生理特点

（1）反刍。

反刍是指反刍草食动物在食物消化前把食团吐出经过再咀嚼和再咽下的活动。反刍是羊重要的消化生理特点，反刍停止是疾病征兆，不反刍会引起瘤胃臌气。

（2）瘤胃微生物的作用。

① 消化碳水化合物，尤其是消化纤维素。食入的碳水化合物在瘤胃内由于受到多种微生物分泌酶的综合作用，发酵、分解并形成挥发性低级脂肪酸，如乙酸、丙酸、丁酸等，这些酸被瘤胃壁吸收，通过血液循环参与代谢，这是羊体最重要的能量来源。

② 利用植物性蛋白质和非蛋白氮（NPN）构成微生物蛋白质。饲料中的植物性蛋白质，在瘤胃微生物分泌酶的作用下，最后被分解为肽、氨基酸和氨；饲料中的非蛋白氮物质，如酰胺、尿素等，也被分解为氨。这些分解产物都在瘤胃内，在能源供应充足和具有一定数量蛋白质的条件下，瘤胃微生物可将其合成微生物蛋白质，随食糜进入皱胃和小肠，作为蛋白质饲料被消化。因此，瘤胃微生物作用，提高了植物性蛋白质的营养价值。同时，在养羊业中，可将部分非蛋白氮（尿素、铵盐等）作为补充饲料代替部分植物性蛋白质。

③ 对脂类有氢化作用。可将牧草中的不饱和脂肪酸转变成羊体内的硬脂酸，同时，瘤胃微生物也能合成脂肪酸。

④ 合成 B 族维生素。主要包括维生素 B_1、B_2、B_6、B_{12} 及泛酸、尼克酸等，同时还能合成维生素 K。这些维生素被合成后，一部分在瘤胃中被吸收，其余在肠道中被吸收、利用。

二、羊的配合饲料及日粮配合

配合饲料是根据家畜的营养需要，将多种饲料原料按一定比例混合起来的饲料。羊的配合饲料分为精饲料补充料、浓缩饲料和添加剂预混料三种类型。饲喂羊经常使用的是精饲料补充料。精饲料补充料是为了补充以青饲料、青贮饲料和粗饲料为基础日粮的羊的营养，而用多种饲料原料按比例配制的饲料。它不是全价配合饲料，只是羊每天饲料中的一部分，必须与其他饲料搭配在一起饲喂。配合饲料由于营养全面、原料广泛、饲用安全、生产率高，在生产中大量应用。

日粮是指一只羊在一昼夜内所采食的各种饲料的总量。日粮配合是指设计羊每天各种饲料采食量的方法与步骤。

由于配合饲料和日粮配合的设计与计算比较麻烦，饲养户自己如果难以设计，市场上有专售的浓缩饲料和添加剂预混料，可根据其使用方法进行饲喂。有条件的饲养户可根据以下原则，自己配制精饲料补充料。

（1）尽量选择来源广泛、价格低廉、质量可靠的饲料作为精饲料补充料的主要原料，而且要注意饲料的多样化，达到各种饲料的养分互补，提高营养效率。

（2）根据原料成分、适口性及羊产品风味、价格等因素，确定各种原料的最高用量是：玉米70%、小麦25%、麸皮30%、米糠20%、花生饼20%、油菜饼15%、豆饼30%、鱼粉5%、尿素1%～2%（羔羊不能喂）。

（3）日粮配合以青粗饲料为主，适当搭配精饲料。精饲料补充料原则上只在特定的生理阶段使用，如羔羊补饲、公羊配种、母羊妊娠和泌乳、集中育肥等阶段。

模块三　羊场建设

羊场是发展羊生产必需的基本建筑，建设羊场的主要目的是为羊群防寒避暑、挡风遮雨，确保羊群安全越冬、度春，为产羔保育创造条件。

一、羊场的设计与建造

（一）场址选择的基本要求

（1）依据羊只的生理特点，羊舍应建在地势高燥、避风向阳、地面有一定坡度、水源充足的地方。

（2）羊舍四周不能有屠宰厂、化工厂、皮革场之类的污染源存在。羊场应距公路干线400 m以上，距次要公路150 m以上，距居民区或村镇1 000 m以上，以防止病原微生物的侵害及有害气体的污染，有效防止疾病的传播。

（3）交通便利，饲草资源丰富，离放牧地不能太远。

（4）羊舍布局要以利于生产、饲养管理、防疫和方便生活为原则，统一规划；行政生活区应距生产区250 m以上，场舍单独隔离。

（5）羊舍内部条件良好，温度0～25 ℃，相对湿度50%～70%，光照适宜，通风良好，便于饲养管理和卫生防疫，保证羊健康生长。

（二）环境因素调控

（1）水源没有较严重的污染，符合《渔业水质标准》（GB 11607—1989）、《生活饮用水卫生标准》（GB 5749—2022）、《地表水环境质量标准》（GB 3838—2002）的规定。

（2）环境空气不受任何工业污染，符合《环境空气质量标准》（GB 3095—2012）的规定。

（3）各项土壤环境监测数据均不得超过国家标准，符合《土壤环境质量　农用地土壤污染风险管控标准（试行）》（GB 15618—2018）的规定。

（三）羊舍的一般要求

1. 羊舍面积

羊舍应有足够的面积，羊舍过小，易造成拥挤、舍内潮湿、空气混浊，损害羊的健康；羊舍过大，则造成浪费，不利于冬季保温。羊舍的面积应根据羊的性别、大小及所处不同生理时期和羊数量的多少而定。各类羊个体所需面积分别为：种公羊 $1.5 \sim 2.0 \ m^2$/只，母羊平均 $1.0 \ m^2$/只，育成羊 $0.8 \sim 0.9 \ m^2$/只，怀孕或哺乳母羊平均 $1.2 \ m^2$/只，断奶羔羊平均 $0.5 \ m^2$/只，羯羊 $0.6 \sim 0.8 \ m^2$/只。个体较大的羊可略微增大。

2. 羊舍的高和宽

羊舍高度一般不低于 2.5 m，宽度 7~10 m 或自定，长度可依据羊的多少而定。

3. 羊舍门窗

羊舍的门应当宽一些，大群饲养的大门宽度 2.5~3 m。散养条件下，大门宽度 2~2.5 m，可防止羊进出拥挤，避免造成母羊流产。南方地区由于气候炎热、多雨、潮湿，门窗以大开为好。羊舍南面或南北两面可修建 0.9~1 m 的半墙，上半部分敞开，可保证羊舍的通风和羊舍内有足够的光线。

4. 羊舍地面

羊舍地面是羊舍建筑的重要组成部分，对羊的健康有直接影响。羊舍地面应高出周围地面 30~40 cm，建成缓坡，以利于排水和防止雨水进入舍内。具体要求如下：

（1）土质地面。

土质地面的优点是地面柔软，富有弹性，也不光滑，易于保温，造价低廉；缺点是不够坚固，容易出现小坑，不便于清扫消毒，易形成潮湿的环境。用土质地面时，可混入石灰增强黄土的黏固性，也可用三合土（石灰：碎石：黏土 = 1：2：4）地面。

（2）砖砌地面。

砖砌地面属于冷地面（硬地面）。由于砖的空隙较多，导热性小，因此其具有一定的保温性能。成年母羊舍粪尿相混的污水较多，容易造成不良环境。砖砌地面易吸收大量水分而破坏自身的导热性，以致变冷变硬。砖砌地面吸水后，经冻易破碎，加上本身磨损的特点，容易形成坑穴，不便于清扫消毒。因此，用砖砌地面时，砖宜立砌，不宜平铺。

（3）水泥地面。

水泥地面属于硬地面，其优点是结实、不透水、便于清扫消毒；缺点是造价高、地面太硬、导热性强、保温性能差。为了防止地面湿滑，可将表面做成麻面。

（4）漏缝地板。

集约化饲养的羊舍可用漏缝地板，用厚 3.8 cm、宽 6~8 cm 的水泥条筑成，间距为 1.5~2.0 cm。用漏缝地板的羊舍须配以污水处理设备。国外大型羊场和我国南方一些羊场已普遍采用。这类羊舍为了防潮，可隔日抛撒木屑，同时应及时清理粪便，以免污染舍内空气。

5. 羊舍建筑用料

羊舍建筑用料应就地取材，以耐用为原则，可用石头、木料、土坯、砖瓦、树枝、秸秆等作为材料。条件允许时，应利用砖瓦、石材、水泥、木材、钢筋、竹子等建筑材料建造永久性羊舍。这种羊舍使用年限长，维修费用少，较为经济。

（四）羊舍的类型

1. 敞开式羊舍

敞开式羊舍三面有墙，一面无墙，有顶盖，无墙的一面向运动场敞开。无墙一面相对的墙上留有通风窗口，以利于夏季炎热气候时的防暑降温。运动场内靠围栏设置饲喂槽架和饮水设施。为了防止夏季强烈的太阳辐射影响羊采食饲草料，在饲槽的上方应搭建遮阴棚，并建造羊运动走道，以便于人工驱赶羊进行适当的运动，增强羊的体质和健康。

舍饲的羊必须有足够时间的运动，才能保证体质的健康。在运动场内，羊在饲养员的驱赶下自动地围绕着运动场运动。羊舍及运动场地面最好为砖砌地面，以利于清洁和羊蹄的保护。羊平时采食和活动时在运动场内，休息时在羊舍内。

2. 楼式羊舍

建筑材料可用砖、木板、木条、竹竿、竹片或金属材料等。羊舍为半敞开式，双坡式屋顶，跨度6 m，南北两面（四面）墙高1.5 m，冬季寒冷时用草帘、竹篱笆、塑料布或编织布将上墙面围住保暖。圈底距地面高1.3~1.8 m，用水泥漏缝预制件或木条铺设，缝隙1.5~2.0 cm，以便粪尿漏下，清洁卫生，无粪尿污染，且通风良好，防暑、防潮性能好。漏缝地板下做成斜坡形的积粪面和排尿水沟，并且积粪面纵向也做成波浪形，以利于粪尿的清洁和收集，节约用水。运动场建在羊舍的南面，面积为羊舍的2~2.5倍，运动场围栏高1.3 m。楼梯设在南面或侧面的山墙处，如图2-1-1所示。运动场内的设置与敞开式羊舍相同。羊舍围栏墙外侧设置饲草栏，以便在下雨天和夜间补饲用。在炎热、潮湿的平原地区，羊舍的主要作用是避雨、防暑、降温，适合于修建此类楼式羊舍。

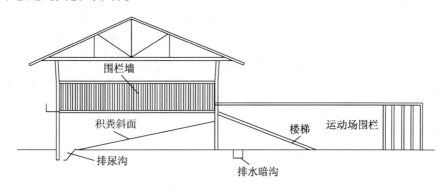

图2-1-1　楼式羊舍示意图

3. 吊楼式羊舍

南方草山、草坡较多,为了方便羊群采食,可就近修建羊舍。可因地制宜地借助于缓坡,坡度以 20°左右为宜,羊舍距地面高度为 1.2 m。建成吊楼,双坡式屋顶,羊舍南面或南北面做成 1 m 左右高的墙,舍门宽 1.5~2.0 m。铺设木条漏缝地板或水泥预制件,缝隙 1.5~2.0 cm,便于粪尿漏下。羊舍南面设运动场,用于羊补食饲料和活动。

二、羊舍设计基本参数

目前,我国羊的饲养模式主要有放牧、放牧+舍饲、舍饲三种,随着"限牧、禁牧"相关政策的实施,我国养羊业的饲养模式逐渐由传统的放牧向放牧+舍饲转变,这就需要一些最基本的舍饲的设施。

1. 饲槽、草架

饲槽用于冬春季补饲精饲料、颗粒饲料、青贮饲料。草架主要用于补饲青干草。饲槽和草架有固定式与移动式两种。固定式饲槽可用钢筋混凝土制作,也可用铁皮、木板等材料制成,固定在羊舍内或运动场。草架可用钢筋、木条、竹条等材料制作。饲槽、草架的长度以使每只羊采食时不相互干扰为宜,羊脚不能踏入槽中或架内,并避免架内草料落在羊身上。

2. 多用途活动栏圈

多用途活动栏圈主要用于临时分隔羊群及分离母羊与羔羊。可用木板、木条、原竹、钢筋、铁丝等制作。栏的高度视其用途可高可低,羔羊栏 1~1.5 m,大羊栏 1.5~2 m,可做成移动式,也可做成固定式。

3. 饮水槽

饮水槽一般固定在羊舍内或运动场,可用镀锌铁皮制成,也可用砖、水泥制成。在其一侧下部设置排水口,以便清洗水槽,保证饮水卫生。水槽高度以羊方便饮水为宜。

4. 药浴设备

为羊设置的、防治外寄生虫的药浴池,是用砖、石、水泥等建造成的狭长的水池,池长 10~12 m,池顶宽 60~80 cm,池底宽 40~60 cm,池深 1~1.2 m,以装了药液后不淹没羊头部为准。入口处设漏斗形围栏,羊群依次滑入池中洗浴,出口设有一定倾斜坡度的小台阶,可以使羊缓慢地出池,让羊在出浴后停留时身上的药液流回池中。

模块四 羊场经营管理

一、羊场经营管理

(一) 正确认识我国养羊业市场现状

随着人们生活水平的提高,羊毛需求量大增,加之羊肉因具有肉质鲜美、蛋白质含量高、氨基酸丰富、胆固醇低等特点而逐步成为消费者青睐的肉制品之一,养羊业的规模快速增长,这极大地促进了我国养羊业的快速发展。2015 年,我国羊只存栏量突破 3.0 亿只,跃居世界羊只存栏量首位。

(二) 羊场经营管理的意义

经营管理是规模羊场的重要组成部分,无论是大场还是小场都应研究经营管理。实践证明,没有科学的经营管理,实际生产手段和科学技术的现代化都是难以实现的。特别是在现代市场经济条件下,科学的经营管理对于羊场就显得更加重要。

(1) 通过抓经营管理,可以使规模羊场实现决策的科学化。通过对羊场的调研和信息的综合分析,可以正确地把握经营方向、规模、羊群结构、生产数量,既能使产品满足市场需要,又能实现利润最大化。一旦把握不好市场,遇上市场价格低谷,即使生产水平再高,生产手段再先进,也可能出现亏损。

(2) 通过抓经营管理,可以有效地组织羊产品生产,实现羊群结构和出栏结构的最优化,不断提高羊产品产量和质量。

(3) 通过抓经营管理,可以最大限度地调动全体员工的劳动积极性,提高劳动生产率。任何优良品种、先进的设备和生产技术都要靠人来饲养、操作和实施,人是第一生产要素。在经营管理上,通过明确责任、制定合理的产品标准和劳动定额、建立有效的奖惩制度和竞争机制并进行严格的考核,可以充分调动羊场员工的积极性,使羊场员工的才能与技术得以最大限度地发挥。

(4) 通过抓经营管理,可以不断提高羊场的科技水平。通过严格地记录和总结分析,可以摸索经验,掌握生产和市场规律,提高生产科技水平。

(5) 通过抓经营管理,最终实现增收节支、降低生产成本、提高羊生产经济效益的经济目标。

(三) 羊场经营管理制度的执行

具体制度如下:

(1) 严格遵守门禁制度,禁止外来人员进入。

(2) 场内要保持整洁。

(3) 搞好羊舍内外环境卫生、消灭杂草、填平水坑,以防蚊蝇滋生;每月喷洒消毒药液一次或在羊场外围设诱杀点,消灭蚊蝇。

(4) 场内要有符合卫生要求的水源。

(5) 粪便要及时清除。

(6) 羊舍、羊体要经常保持清洁。

(7) 按畜牧部门的免疫计划进行预防注射。

(8) 发生传染病时,要立即隔离病羊,迅速向畜牧部门报告;加强对病羊的治疗,并对健康羊和传染病可能涉及的羊群进行预防接种。

(9) 患传染病的羊要设专人管理,固定用具,并要特别注意卫生消毒;工作期间必须穿工作服,工作人员要进行清洗、消毒。

(10) 被传染病污染的羊舍、运动场、用具、饲槽、工作服必须进行彻底消毒;焚烧垫草;粪便经发酵处理后方可使用。

(11) 对于因患传染病死亡或急宰的病羊,必须经兽医人员检查,并在兽医人员指导下进行处理。

二、科学管理,规避风险

羊养殖户或企业只有准确了解羊养殖行业最新发展动向,及早发现羊养殖行业市场的空白点、机会点、增长点和盈利点,把握羊养殖行业未被满足的市场需求和未来发展趋势,形成自身可持续发展优势,才能有效规避羊养殖行业投资风险,巩固和拓展战略市场,把握行业竞争主动权。

课后练习

一、名词解释

反刍

二、选择题(多选题)

1. 绵羊的类型包括(   )。

A. 细毛羊　　　B. 粗毛羊　　　C. 肉脂用羊　　　D. 裘皮羊

2. 山羊按照经济用途和生产方向可分为(   )。

A. 肉用山羊　　B. 乳用山羊　　C. 毛用山羊　　　D. 裘皮山羊

3. 下列属于羊生物学特性的是(   )。

A. 合群性强　　B. 喜干厌湿　　C. 采食能力强　　D. 适应能力强

4. 羊舍的类型包括(   )。

A. 敞开式羊舍　　B. 楼式羊舍　　C. 吊楼式羊舍　　D. 塔式羊舍

三、论述题

1. 请为 15 只羔羊设计一个适合其生长发育的饲料配方。

2. 请你充分运用所学的知识设计一个中型羊场。

3. 谈谈羊场经营管理的意义。

项目二
羊的饲养管理

学习目标

1. 了解毛用羊的外貌特征、毛用羊的饲养管理要点
2. 掌握肉用羊的鉴定方法和育肥技术
3. 掌握奶山羊的饲养管理要点

模块分解

模块一　毛用羊生产
模块二　肉用羊生产
模块三　奶山羊生产

模块一　毛用羊生产

一、毛用羊外貌特征

（一）体型特点

毛用羊一般头、颈较长，鬐甲高但窄，胸长而深但宽度不足，背腰平直但不如肉用羊宽，中躯容量大，后躯发育不如肉用羊好，四肢相对较长。

（二）被毛覆盖

理想型的毛肉兼用细毛羊的头毛着生至两眼连线，并有一定长度，呈毛丛结构，似帽状；四肢毛着生，前肢到腕关节，后肢达飞节。超过上述界线者倾向于毛用型，达不到者倾向于肉用型。但现代细毛羊育种的趋势是要求绵羊面部为"光脸"。面部毛长易形成"毛盲"，不利于绵羊本身的采食及自我保护。

(三) 颈部及皮肤皱褶

毛用羊公羊颈部有 2~3 个发育完整的横皱褶，母羊为纵皱褶，体躯上也有较小的皮肤皱纹。毛肉兼用羊公羊颈部有 1~3 个发育完整或不完整的横皱褶，母羊为纵皱褶，体躯上没有皮肤皱纹。体表无皱褶的绵羊剪毛容易，刀伤少，较少受蚊蝇侵袭，而且羊毛长，产羔率高，剪毛量也往往比多皱褶羊高。

二、羊皮、羊毛

(一) 羊皮、羊毛的构造

1. 羊皮肤构造特点

羊毛是羊皮肤的衍生物，羊毛的形态和质量与羊的皮肤构造及生理活动密切相关。羊的皮肤分为三层，即表皮层、真皮层和皮下结缔组织层。

（1）表皮层：位于皮肤的表面，其厚度约占皮肤总厚度的 1%，由多层上皮细胞组成。

（2）真皮层：位于表皮下面，是皮肤最厚的一层，约占皮肤总厚度的 84%，由致密结缔组织构成，含有大量胶质纤维和弹性纤维，因而质地坚韧且富有弹性。真皮层密布血管、淋巴、神经、毛囊、汗腺等。

（3）皮下结缔组织层：由疏松的网状结缔组织形成，因而柔软、疏松。它是羊皮肤和躯体的连接层，使皮肤有一定的滑动灵活性。皮下结缔组织也是皮下脂肪贮存的地方。

羊的皮肤结构如图 2-2-1 所示。

1. 表皮；2. 真皮；3. 皮下结缔组织；4. 毛鞘；5. 毛发；
6. 皮脂腺；7. 汗腺；8. 汗腺管；9. 汗腺管出口

图 2-2-1　羊的皮肤纵切面图

2. 羊毛的构造

（1）从形态学构造来看，羊毛纤维可分为三个基本部分，即毛干、毛根、毛球。此外，还有一些有关组织和附属结构（图 2-2-2）。

① 毛干：羊毛纤维露出皮肤表面的部分，通称为毛纤维。

② 毛根：羊毛纤维在皮肤内的部分，其下端与毛球相接。

③ 毛球：羊毛纤维的最末端，膨大呈梨形，并围绕着毛乳头与之紧密相连。毛球从毛乳头中吸取营养物质来保证细胞不断地增殖，维持毛纤维的不断生长。

④ 毛乳头：位于毛球中央，由结缔组织组成，其中密布血管和神经末梢。和血液一同进入毛乳头的营养物质，渗入毛球，保证了毛球的正常生理活动。

⑤ 毛鞘：毛根在皮肤内被数层表皮细胞所形成的管状物包围，此管状物即为毛鞘。

⑥ 毛囊：毛鞘及周围结缔组织层形成毛鞘的外膜，呈囊状，故称为毛囊。

⑦ 皮脂腺：位于毛鞘的两侧，分泌管开口于毛鞘上三分之一处。皮脂腺分泌的油脂与汗液在皮肤表面混合，称为油汗。油汗可滋润、保护羊毛纤维。

⑧ 汗腺：位于皮肤的深处，其导管大多开口于皮肤表面，有时靠近毛孔，能调节体温和排泄代谢产物。

⑨ 竖毛肌：皮肤内层的小肌肉纤维。其收缩与松弛可调节皮脂腺和汗腺的分泌及血液和淋巴液的循环作用。

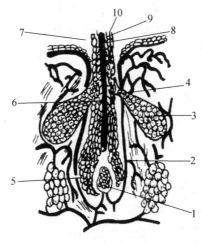

1. 毛乳头；2. 毛鞘；3. 皮脂腺；4. 皮脂腺的分泌管；5. 毛球；
6. 毛根；7. 毛干；8. 毛的髓质层；9. 毛的皮质层；10. 毛的鳞片层

图 2-2-2　羊毛及其邻近皮肤部分的纵剖面图

（2）从组织学构造来看，羊毛纤维由角质化细胞组成，根据细胞的形态和位置不同，可分为三层（有髓毛）或两层（无髓毛）。包覆在毛干外面的叫鳞片层，组成毛纤维主体的为皮质层，中心部分是不透明的髓质层（无髓毛没有）。

① 鳞片层：包围在羊毛纤维外表层，是由扁平、无核、形状不规则的角质化细胞组成。似鱼鳞覆盖于纤维表面，其一端附着于毛干本体，另一端向外游离，朝向纤维的顶端，外观呈锯齿状。由于鳞片是羊毛纤维的表层，又由角质化了的坚硬细胞组成，所以鳞片对羊毛纤维具有保护作用。

②皮质层：皮质层位于鳞片下层，是羊毛纤维的主体，占毛干总重量的90%左右，决定着羊毛纤维的物理机械性能（如细度、伸度、弹性等）。皮质层由细长、两端尖扁的梭状角质化细胞组成。

③髓质层：在粗毛和两型毛纤维中，皮质层内的一层，称为髓质层，这种羊毛称有髓毛。髓质层是由菱形或立方形的细胞组成，各种形状的细胞重叠似蜂窝状，细胞直径1~7 μm。髓质层是疏松的多孔组织，内部充满空气，因此在显微镜下观察时，由于光的反射，白色的羊毛纤维也会看到黑色的髓质层，若将髓质层中的空气排出，就能看到髓质层中无色的多孔组织。

（二）羊毛纤维类型和羊毛种类

1. 羊毛纤维类型

羊毛的纤维类型是根据毛纤维的形态、组织结构和粗细划分的，是就单根毛纤维而言的。一般用肉眼或借助于显微镜观察，可以把羊毛纤维分为四种主要类型，即无髓毛、有髓毛、两型毛和刺毛。从组织结构上看，后三种均是有髓毛，但由于其髓质层或生长部位各其特点，所以将其视为单独的一类。

（1）无髓毛：又称细毛、绒毛、真毛，只有鳞片层和皮质层。细毛羊和半细毛羊品种羊毛细度在40 μm以下的都是无髓毛（包括了部分属于粗绒毛的半细毛）。异质毛的粗毛羊，其绒毛分布在毛被底层，随季节自然脱落，而后重新生长。无髓毛是毛纺工业的优质原料。

（2）有髓毛：包括鳞片层、皮质层和髓质层三层组织结构。从广义上讲，有髓毛应包括两型毛、粗毛（发毛）、干毛、死毛、刺毛等。但由于干毛和死毛属疵毛，没有纺织价值，所以通常将它们从正常有髓毛中划分出去。有髓毛产自粗毛羊及细毛羊与粗毛羊杂交的低代杂种羊。

（3）两型毛：介于粗毛和细毛之间的毛纤维，髓质层呈断续状，工艺价值次于细毛。半细毛羊品种的茨盖羊，整个被毛都是由这种毛纤维组成的。

（4）刺毛：一种髓质层发达、短而粗硬的粗毛，长于绵羊的头部、四肢下部和尾部，长度仅1.5 cm左右，无利用价值。因其在皮肤上斜生，形成特殊的毛层，故这种毛又被称为覆盖毛。

2. 羊毛种类

按照被毛或羊毛群体所含毛纤维的类型，羊毛可分为两大类：同型毛和异型毛。

（1）同型毛又称同质毛，是指由同一类型毛纤维组成的羊毛，其长短、粗细、弯曲度基本相同，同型毛产于细毛羊、半细毛羊及高代杂种羊。同型毛又可分为细毛和半细毛。

细毛由同一类型的无髓毛组成，羊毛纤维直径小于25 μm，品质支数在60支以上，弯曲度大，油脂洁白，长短一致，是高级毛纺原料；半细毛由同一类型较粗的无髓毛或同一类型的曲形毛组成，羊毛纤维直径在25.1~67.0 μm，品质支数在32~58

支，长度较长，弯曲明显，油脂洁白，可纺成各种毛线和工业用呢。

（2）异型毛，又称异质毛、混型毛，是指由不同类型毛纤维组成的羊毛，一般由无髓毛、两型毛和有髓毛组成，各类纤维的比例随品种和个体而不同，弯曲不明显，长度较长，纺织性能差，主要用于编织地毯和制毡，这种毛产于粗毛羊和低代杂种羊。

（三）羊毛的主要理化性质

1. 物理性质

羊毛的物理性质亦称工艺特性或技术品质。毛纺工业根据羊毛的工艺特性来判断其品质的好坏。

（1）细度。

羊毛的细度是确定羊毛品质和使用价值的重要指标之一。在毛纺工业中，要根据羊毛的细度来确定加工条件，制成不同的产品。

羊毛的细度是指羊毛纤维横切面直径的大小，用 μm 表示。在毛纺工业中，对于同质细毛和半细毛，还用品质支数来表示其细度。在英制中，1 磅（约 0.45 kg）净梳毛能纺成 560 码（约 512 m）长度的毛纱，叫作 1 支。若 1 磅净梳毛能纺成 60 段 560 码的毛纱，即为 60 支。在公制中，1 kg 净梳毛能纺成 1 000 m 长度的毛纱，叫作 1 支。若 1 kg 净梳毛能纺成 64 段 1 000 m 长度的毛纺，即为 64 支。由此可见，羊毛愈细，单位重量中羊毛纤维的根数愈多，能纺成的毛纱愈长（表 2-2-1）。

表 2-2-1 中国毛纺工业颁布的羊毛细度标准

羊毛类别	品质支数/支	细度范围/μm	标准差/μm	变异系数/%
细羊毛	80	14.5~18.0	±3.60	20.0
	70	18.1~20.0	±4.51	22.0
	66	20.1~21.5	±4.97	22.7
	64	21.6~23.0	±5.43	23.6
	60	23.1~25.0	±6.40	25.6
半细羊毛	58	25.1~27.0	±7.28	27.0
	56	27.1~29.0	±8.12	28.0
	50	29.1~30.0	±9.00	29.0
	48	31.1~34.0	±10.20	30.0
	46	34.1~37.0	±11.85	32.0
	44	37.1~40.0	±13.20	33.0
	40	40.1~43.0	±15.48	36.0
	36	43.1~55.0	±22.55	41.0
	32	55.1~67.0	±30.49	47.0

(2) 长度。

羊毛的长度可分为自然长度和伸直长度。自然长度是指毛丛在不受任何外力影响下两端间的长度，这个指标在羊生产和育种工作中应用较多，测量精度要求不超过0.5 cm。伸直长度是指羊毛纤维的自然弯曲在外力的作用下被拉直时两端间的长度。伸直长度代表羊毛纤维的真实长度，这个指标在毛纺工业中应用较多，测量精度要求不超过1 mm。

羊毛的伸直长度比自然长度要长，但长出的范围视羊毛纤维的弯曲情况而定，一般细毛长20%以上，半细毛长10%~20%。

羊毛的长度在工艺上的重要性仅次于细度，它不仅影响毛织品和纱线的品质，而且是决定纺纱加工系统和合理选择工艺参数的重要因素。

(3) 弯曲。

弯曲（卷曲）是指羊毛纤维离开它假定的直线纵轴向两侧所形成的弧。一般以每1 cm的卷曲数来表示羊毛卷曲的程度，称为弯曲度（卷曲度）。

羊毛纤维弯曲的形状分为平弯曲、长弯曲、浅弯曲、正常弯曲、深弯曲、高弯曲和拆线状弯曲（环形弯曲）七种（图2-2-3）。

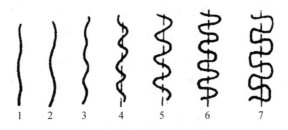

1. 平弯曲；2. 长弯曲；3. 浅弯曲；4. 正常弯曲；
5. 高弯曲；6. 深弯曲；7. 拆线状弯曲

图2-2-3 羊毛的弯曲形状

(4) 强度。

羊毛的强度是指羊毛纤维在外力作用下，直至纤维断裂时所需的力。一般用绝对强度和相对强度来表示。

绝对强度：指拉断单根羊毛纤维所用的力，用g或kg表示。羊毛越粗，绝对强度越大，但有髓毛中，髓质层越粗，其抗断能力越差。

相对强度（单位强度）：指拉断羊毛纤维时，在单位横切面积上所用的力，用kg/mm^2表示。一般细毛和半细毛的相对强度大。

(5) 伸度。

羊毛的伸度是指将已经伸直的羊毛纤维，再拉伸到断裂时所增加的长度占羊毛纤维原来伸直长度的百分比，也可用绝对伸度和相对伸度来表示。

绝对伸度：羊毛纤维受力的作用发生伸长，其长度增加之值，称为绝对伸度，用

mm 表示。

相对伸度：即断裂伸度（伸长率），为绝对伸长与羊毛纤维拉伸之前长度之比。

羊毛的强度和伸度之间有一定相关性，故影响羊毛强度的因素也影响羊毛的伸度。

（6）弹性和回弹力。

对羊毛施加外力（拉伸或压缩）使其变形，在外力去除后，羊毛纤维能恢复原来形状的能力称为弹性。一般用弹性恢复率（%）来表示。羊毛恢复原来形状和大小的速度称为回弹力。

（7）缩绒性能。

羊毛在湿热条件下，经缩绒剂和机械力的作用，产生互相毡合的现象叫作缩绒性（毡合性）。粗纺呢绒、毛毯、毡子等就是利用缩绒这种特性使织物紧密、绒面丰满、手感柔软，并使织物达到一定单位重量，以增加织物的耐用性和保暖性的。缩绒性是毛类纤维独具的特性。

羊毛纤维的鳞片是使羊毛产生缩绒性的重要原因。当羊毛互相接触时，在外力作用下，羊毛相互交叉移动，使锯齿形的鳞片相互啮合，加上自然卷曲的作用，羊毛纤维相互缠绕，致使羊毛紧缩毡合。

（8）光泽。

羊毛的光泽是就羊毛反射与折射光线的性能而言的，其强弱程度与反射面大小、角度、表面光滑度有关，它是羊毛的重要品质指标之一。根据羊毛对光线反射的强弱，可将其分为全光毛、银光毛、半光毛和无光毛四种。

① 全光毛：绵羊中的林肯羊毛、山羊中的安哥拉山羊毛（马海毛）均属于这种光泽。这类羊毛由于光泽特别好，所以可制作成具有特殊风格的产品，如银枪大衣呢、高级提花毛毯等。

② 银光毛：细羊毛属于这种光泽。这类羊毛能染成鲜艳的色彩。

③ 半光毛：罗姆尼羊毛、杂交种羊毛、山羊毛均属于这种光泽。

④ 无光毛：无光毛大部分是粗死毛鳞片结构的天然反映，是羊毛品质差的表现。加工洗涤不当，也会损坏羊毛的光泽。

（9）吸湿性。

羊毛在自然状态下吸收和保持水分的能力称为吸湿性。羊毛在自然状态下的含水量称为湿度。一般情况下，原毛的含水量可达 15%~18%。羊毛湿度的表示方法常采用回潮率和含水率两种指标。

① 回潮率。指羊毛中所含的水分占原毛样绝对干燥重量的百分比。

$$回潮率(\%) = \frac{原毛重量(g) - 绝对干燥羊毛重量(g)}{绝对干燥羊毛重量(g)} \times 100\%$$

② 含水率。指羊毛中所含的水分占原毛重量的百分比。

$$含水率(\%) = \frac{原毛重量(g) - 绝对干燥羊毛重量(g)}{原毛重量(g)} \times 100\%$$

2. 化学特性

（1）羊毛的化学成分。

羊毛是极其复杂的天然蛋白质纤维，亦称角质蛋白或角朊。它的化学组成与动物的毛、发、羽、角、蹄、爪等组织类似，是由碳、氧、氮、氢、硫五种元素组成，分子量约为80 000。各种元素的含量（重量）为：碳49.0%～52.0%，氧17.8%～23.7%，氮14.4%～21.3%，氢6.0%～8.8%，硫2.2%～5.4%。

羊毛中含有硫，这是羊毛的角朊显著区别于其他朊类之处，也是羊毛特性的化学物质基础。不同类型的毛纤维含硫量也不同，一般细羊毛含硫量较大，粗羊毛次之，含硫量最少的是死毛（毛髓腔是不含硫的）。含硫多的羊毛不仅纤维较细，而且细度变异系数较小，纤维横切面形状亦较匀整，纺织性能亦优良。

（2）羊毛的主要化学特性。

羊毛角朊是不易溶解的蛋白质，由于蛋白质分子特定的结构，所以具有相对的化学稳定性。羊毛角朊一旦水解，便被分解成各种氨基酸。

① 水和蒸汽对羊毛的影响。水和蒸汽应理解为水和热，水和热是毛纺织整理工艺的基础。羊毛角朊不溶解于冷水，但经冷水浸泡，可使羊毛纤维膨化，长度约增加0～1%，直径增加15%～17%，体积约增加10%，纤维强度有所下降，断裂伸度增加，但干燥后即可复原而无损其品质。当水温上升到80 ℃～110 ℃时，羊毛角朊开始水解；当水温超过110 ℃时，羊毛就会被破坏；当水温达到200 ℃时，绝大多数溶解。在热水中处理羊毛，再以冷水冷却羊毛，可提高羊毛的可缩性，这在毛纺工业中称为"热定型"。同时，在热水中处理羊毛，可提高羊毛对染料的亲合力。

羊毛短时间在蒸汽的作用下不受损害，如果提高温度和增加处理时间，羊毛即受损害。例如，在90 ℃～100 ℃蒸汽中处理3小时，羊毛强度降低18%；处理6小时，羊毛强度降低23%；处理60小时，羊毛强度降低74%。另一个显著的变化是弹性和手感变差。

② 酸对羊毛的影响。羊毛角朊耐酸而不耐碱。除非酸的浓度很大，处理时间较长，否则羊毛纤维是不会溶解的，这是由于羊毛蛋白质结构中含有碱基。据试验，羊毛经10%的硫酸处理，其强度不但未受损害，反而有所增加。例如，利用酸性染料染色时，加入占羊毛重量3%的稀硫酸，不但对羊毛无损害，反而可以使染色牢固。将羊毛用4%的稀硫酸在室温下处理数小时，然后烘干（100 ℃），羊毛纤维不受损害，但羊毛里的植物纤维则全部分解。利用此法来清除羊毛原料中所含的植物杂质，在毛纺工业上称为"碳化法"。

③ 碱对羊毛的影响。羊毛的抗碱性能力较弱，碱对羊毛的破坏作用取决于碱液的浓度、温度和时间。羊毛在pH值10以上、温度50 ℃以上或pH值8～9、温度

100 ℃的碱溶液里加工时，均会被破坏。

苛性碱在任何情况下对羊毛均有损害作用，故不能用作洗毛剂。将羊毛置于5%的氢氧化钠溶液中，煮沸100分钟，羊毛即被全部溶解。在实际生产中用此种方法进行混纺纱和混纺织物的定性分析。

碳酸钠对羊毛的破坏作用虽不如苛性碱强，但在加工过程中，也需控制其用量和温度，否则也会对羊毛纤维产生一定影响。

④ 阳光对羊毛的影响。绵羊的被毛由于经常受到阳光中的紫外线（特别是波长短于340 nm的紫外线），大气中的氧、雨水、湿气，雨水中的酸碱，碱性的汗液以及双硫键氧化后的酸性产物等的作用，使羊毛纤维的理化性能发生变化。首先是外层薄膜受到破坏，接着引起角质层（鳞片层）产生裂痕，继而使皮质层完全暴露，最终导致毛纤维强度降低，化学组成发生变化，定型性、缩绒性改变。就整根毛纤维来讲，上述破坏过程首先发生在毛尖部分，就绵羊全身来讲，首先发生在脊背部。

（四）山羊绒

山羊绒织品轻薄柔软、光泽艳丽、保暖性强、手感光滑、富有弹性，是毛纺工业之佳品，在国际市场上具有"纤维宝石"之称。山羊绒隔热性能很强，是相同细羊毛的3倍，但吸水性能比细羊毛弱，因此，在贮存羊绒制品时应注意通风，防止潮湿，以免因水分含量过高引起变质。

1. 被毛与含绒量

（1）被毛结构：绒山羊的被毛由内、外两层组成，外层由粗而长的有髓毛所组成，称为粗毛；内层由细而短的无髓毛所组成，称为绒毛。外层粗毛起着对羊体和内层绒毛的保护作用。山羊绒的长度一般为2.5~16.5 cm，细度为8~25 μm，可用于羊绒的分级。绒毛细度与粗毛细度存在着一定的相关性，即绒毛细度愈细，粗毛直径愈大。因此，在选种时应选择绒毛与细毛差异大的品种，这样便于疏绒和提高山羊绒细度的品质。

（2）含绒率：原绒重占原绒与原毛总重的百分比。

$$含绒率(\%)=\frac{原绒重(g)}{原绒与原毛总重(g)}\times100\%$$

2. 原绒与净毛率

（1）原绒：指从羊体身上梳理下来没有经过任何洗涤加工的绒毛。除此以外还含有粗散毛、皮屑、油脂和植物杂质等。

（2）净毛率：指原绒经过洗涤后，除去粗散毛、皮屑、油脂和植物杂质等干燥后所得净绒重占原绒重的百分比。常用自然净绒率和标准净绒率来表示，计算公式如下：

$$自然净绒率(\%)=\frac{自然干燥净绒重(g)}{原绒重(g)}\times100\%$$

$$标准净绒率(\%) = \frac{净绒绝对干燥重(g) \times (1+0.17)}{原绒重(g)} \times 100\%$$

3. 山羊绒的分类分级

（1）按颜色分类：山羊绒按原绒的颜色可分为白绒、青绒、紫绒三类。

① 白绒绒毛和短散粗毛均为白色。

② 青绒绒毛和短散粗毛均为灰色，也包括带有异色粗毛的白绒。

③ 紫绒绒毛为深紫色或浅紫色。

（2）按含绒量分类：山羊绒按含绒量可分为头路和二路两类。

① 头路。含绒80%，短散粗毛20%。

② 二路。含绒50%，短散粗毛50%。

（3）无毛绒的分级：我国无毛绒共分为三档。

① Ⅰ档绒：有髓毛含量≤1%。

② Ⅱ档绒：有髓毛含量≤2%。

③ Ⅲ档绒：有髓毛含量≤5%。

我国无绒毛Ⅰ档甚少，主要是Ⅱ档和Ⅲ档。

（五）毛皮

皮也是重要的羊产品之一，绵羊、山羊屠宰后剥下的鲜皮，未经鞣制以前都称为"生皮"，生皮分为毛皮和板皮两大类。带毛鞣制的生皮叫作毛皮，无实用价值的生皮叫作板皮。

板皮经脱毛鞣制而成的产品叫作"革"，可制成各种皮衣、皮鞋、皮包等产品，具有美观、轻薄、柔软等特点。

毛皮又分为羔皮和裘皮两种。两者主要依据羊只屠宰时的年龄划分。凡从流产或生后1~3天内的羔羊所剥取的毛皮，称羔皮；而生后1月龄以上的羊只所剥取的毛皮称为裘皮。羔皮一般是露毛外用，用以制作皮帽、皮领和翻毛大衣等，因此要求花案奇特美观悦目。裘皮主要是用以制作毛面向里，用以御寒的衣物等。因此，要求保暖、结实、美观、轻便。

在绵、山羊品种中，有些品种专门以生产羔皮或裘皮为主，如卡拉库尔羊、湖羊、滩羊、济宁青山羊和中卫山羊等。除上述专用品种外，其他绵羊品种和少数山羊品种，也生产羔皮和裘皮，但品质较专用品种差。

三、毛用羊饲养方式

（一）毛用羊的放牧饲养

1. 放牧场放牧方式

目前，我国放牧场的放牧方式可分为固定放牧、围栏放牧、季节轮牧和小区轮牧四种。

（1）固定放牧是指羊群一年四季在一个特定区域内自由放牧采食。这是一种原始的放牧方式，这种放牧方式不利于草场的合理利用与保护，载畜量低，单位草场面积提供的畜产品数量少，每个劳动力所创造的价值不高。这是现代养羊业应该摒弃的一种放牧方式。

（2）围栏放牧是指根据地形把放牧场围起来，在一个围栏内，根据牧草所提供的营养物质、数量结合羊的营养需要量，安排一定数量的羊只放牧。此放牧方式能合理利用和保护草场，对固定草场使用权也起着重要的作用。

（3）季节轮牧是指根据四季放牧场的划分，按季节轮流放牧。这是我国牧区目前普遍采用的放牧方式，能较合理利用草场，提高放牧效果。为了防止草场退化，可定期安排休闲牧地，以利于牧草恢复生机。

（4）小区轮牧又称分区轮牧，是指在划定季节牧场的基础上，根据牧草的生长、草地生产力、羊群的营养需要和寄生虫侵袭动态等情况，将牧地划分为若干个小区，羊群按一定的顺序在小区内进行轮回放牧。此放牧方式是一种先进的放牧方式，其优点如下：

① 能合理利用和保护草场，提高草场载畜量。

② 可将羊群控制在小区范围内，减少了游走所消耗的热能，增重加快。与传统放牧方式相比，春、夏、秋、冬季的羊只平均日增重可分别提高 13.42%、16.45%、52.53%和100%。

③ 控制体内寄生虫感染。因为羊体内寄生虫卵随粪便排出需经 6 天发育成幼虫而感染羊群，故羊群只要在某一小区放牧时间限制在 6 天以内，就可以减少寄生虫的感染。

小区轮牧技术是在季节性放牧场实施，还是在常年放牧场实施，可根据养羊单位的具体条件而定，一般是先粗后细，逐步完善，具体做法按以下步骤进行：

① 划定草场，确定载畜量。根据草场类型、面积及产草量，划定草场；再结合羊的日采食量和放牧时间，确定载畜量。

② 划分小区。根据放牧羊群的数量和放牧时间以及牧草的再生速度，划分每个小区的面积和轮牧一次的小区数。轮牧一次一般划定为 6~8 个小区，羊群每隔 3~6 天轮换一个小区。

③ 确定放牧周期。全部小区放牧一次所需要的时间即为放牧周期。其计算方法是：放牧周期（天）= 每小区放牧天数×小区数。放牧周期的确定，主要取决于牧草再生速度，而牧草的再生速度又受水热条件、草原类型和土壤类型等因素的影响。

④ 确定放牧频率。放牧频率是指在一个放牧季节内，每个小区轮回放牧的次数。

⑤ 执行放牧方法。参与小区轮牧的羊群，按计划在小区依次逐回放牧；同时，要保证小区按计划依次休闲。

2. 四季放牧技术

（1）春季放牧。春季放牧的主要任务是在保膘情的基础上，尽可能恢复体力，对怀孕母羊还要注意保胎。春季放牧一要防止羊"跑青"，春季牧草正处于萌发期，羊只为了寻觅青草到处乱跑，即所谓"跑青"，体力消耗很大，但又吃不上多少青草。所以春季放牧应严格控制羊群，做到拦强羊，等弱羊，避免抢青跑青。在选择草场时，每日要先放阴坡，后放阳坡，或先放黄枯草，后放青草。二要防止羊"鼓胀"，常有"放羊拦住头，放得满肚油；放羊不拦头，跑成瘦马猴"的说法。春季草嫩，含水量高，早上天冷，不能让羊吃露水草，否则易引起拉稀。

春天，当羊放牧食青草以后，要每隔5~6天喂一次盐，喂时把盐炒至微黄时为好，加一些磨碎的清热、开胃的饲料和必需的添加剂。这样可帮助消化，增加食欲，补充营养。同时，每天至少要让羊群饮水一次。

（2）夏季放牧。夏季气候变热，雨水多，牧草生长旺盛，适口性好，消化率高。羊群经过春季放牧，身体已逐渐恢复，而牧草正处于抽茎开花阶段，营养价值很高，因此是抓膘的好季节。夏季蚊蝇多，应选择高燥、凉爽、饮水方便的草场放牧。另外，放牧时间应延长，每日放牧时间应在10小时以上。早出晚归，中午炎热时，要防羊"扎窝子"，应让羊群到通风、阴凉处休息。夏季放牧还应做好防暑降温工作。

（3）秋季放牧。秋季气候适宜，雨水较少，牧草丰富，而且草籽逐渐成熟，营养价值高，是抓膘的好时机，也是配种季节，要做到放牧抓膘和配种两不误。放牧中，注意将羊放饱、放好，这不仅对冬季育肥出栏，对安全过冬和羊的繁殖也都很重要。秋季放牧宜慢，减少游走路程，秋末经常有霜冻，因此要晚出晚归，中午不休息，尽量延长采食时间。在半农半牧区或农区，可在秋收后将羊只放牧在茬子地上抓膘。

（4）冬季放牧。冬季天渐转寒，植物开始枯萎，草质较差，营养价值降低，此时放牧的任务是保膘，处于妊娠、产羔阶段的母羊还要保胎、保羔，避免流产。放牧中，应注意防寒、保暖、保膘、保羔。冬季放牧常常在村前村后和羊圈左右让羊吃些树叶、干草，晴天多让羊运动和晒太阳，怀孕母羊切忌翻沟越岭。同时，要修好羊舍，素有"圈暖三分膘"之说。放牧宜晚出早归，出入圈门严防拥挤，归牧后应给怀孕母羊及育成羊适当补饲。冬季严防空腹饮水，以免流产，待羊只吃饱后再饮水为好。

冬季放牧时应注意以下事项：

① 放牧前应先检查羊群，发现病羊后要留圈观察治疗，发现发情羊要及时记录和配种，并且数一下羊的只数，做到心中有数。

② 放牧人员应随身带一些应急的药物和器械，如十滴水治中暑、套管针可放气等。

③ 出牧、归牧时不要走得太快，放牧路途要适中，不要远距离奔波。

④ 放牧时严禁用石块掷打羊，防止惊群。同时注意防止野兽侵袭。

⑤ 要让羊群吃冰冻草、露水草、发霉草，不要饮污水。防止暴食暴饮。

⑥ 喂盐除供给羊所需的钠和氯外，还能刺激食欲，增加饮水量，促进代谢，利于抓膘和保膘。成年羊每日供盐 10~15 g，羔羊 5 g 左右。放牧时，羊流动性大，喂盐不方便，可采用 5~10 天喂一次的方法，或当看到羊吃草劲头不大时喂一次盐。

（二）毛用羊的舍饲饲养

毛用羊的舍饲饲养是城市工矿区和农业发达而土地资源有限的地区采用的一种饲养方式。常与集约化生产体系相结合，羊群规模较大，其数量多少受市场价格、资金、饲料资源、管理技术水平影响，要求管理现代化、机械化程度高，有较好的羊舍、高产的品种和高的产奶量，集约饲养，科学管理。但舍饲饲养投资大，羊运动少，饲养费工且饲养管理技术要求较高。

（三）毛用羊的放牧加补饲饲养

这是一种放牧与舍饲相结合的饲养方式。应根据不同季节牧草生长的数量和品质、羊群本身的生理状况，确定每天放牧时间的长短和在羊舍内饲喂的次数与草料数量。

1. 补饲的时间

补饲开始的早晚，应根据具体羊群和草料贮备情况而定。原则上是从体重出现下降时开始，最迟也不能晚于春节前后。

2. 补饲的方法

补饲开始和结束时，应遵循逐渐过渡的原则。在补饲方法上，补饲量可根据饲养标准确定，饲喂时，干草放置在草架上，精饲料放置在料槽内，防止践踏和浪费。

四、毛用羊日常管理技术

（一）羊的编号

毛用羊的个体编号方法在前面已经做了叙述，包括耳标法和剪耳法。此外，毛用性能等级鉴别是毛用羊重要的生产工作之一。羊只在耳朵上将鉴定的等级进行标记，等级号一律在育成鉴定后，根据鉴定结果，用剪耳缺口的方法注明该羊的等级。纯种羊打在右耳上，杂种羊打在左耳上。特级羊：在耳尖剪一缺口；一级羊：在耳下缘剪一个缺口；二级羊：在耳下缘剪两个缺口；三级羊：在耳上缘剪一个缺口。四级羊：在耳上缘、下缘各剪一个缺口。

（二）羊的断尾

毛用羊的断尾主要针对长瘦尾型的绵羊品种而言，如纯种细毛羊、半细毛羊及其杂种羊。羊只剪尾后可以保持羊体清洁卫生，保护羊毛品质和便于配种。羔羊应在出生后 7~15 天断尾。

羊只剪尾的方法除了前面介绍的结扎法外，还有烧烙法。用烧烙法进行断尾时，需要准备断尾铲和两块一定厚度的木板，其中一块木板需在中间锯出一个半圆形的缺口。具体操作是：首先一名工作人员将一块木板绑在板凳上，然后将羔羊背贴木板进行保定，另一名工作人员用带缺口的木板卡住羔羊尾根部（距肛门约 4 cm），并用烧至暗红的断尾铲将尾切断。下切的速度不宜过快，用力要均匀，使断口组织在切断时受到烧烙，既能准确断尾，还能起到消毒、止血的作用，最后用碘酒消毒。

（三）绵羊剪毛

1. 剪毛的时间

剪毛应选择晴朗的天气，在羊的体况良好时进行。提前剪毛或迟后剪毛，都有可能使羊遭受不应有的损失，更重要的是影响出圈和抓夏膘。

剪毛前要做好剪毛安排。在生产上，先从低价值羊只开始，一般按羯羊、公羊、育成羊、种母羊和种公羊的顺序来安排剪毛，患有疥癣、痘疹的病羊留在最后剪。细毛羊和半细毛羊一般每年剪毛一次，粗毛羊可剪毛两次。剪毛时间主要取决于当地的气候条件和羊的体况。北方牧区和西南高寒山区通常在 5 月中旬、下旬剪毛，而在气候较温暖的地区，可在 4 月中旬、下旬剪毛。

2. 具体操作方法

剪毛时，将羊保定后，先从体侧到后腿剪开一条缝隙，顺此向背部逐渐推进（从后向前剪）。一侧剪完后，将羊体翻转，由背向腹剪毛（以便形成完整的套毛），最后剪下头颈部、腹部和四肢下部的羊毛。最后检查全身，剪去遗留下的羊毛。

3. 剪毛时的注意事项

剪毛场地要干净、平坦；绵羊在剪毛前 12 h 内停止饲喂、饮水和放牧，以免粪便污染羊毛和翻转羊体时造成肠扭转和瘤胃臌气，同时剪毛前应把羊群赶到狭小的圈内让其拥挤，脱去油汗，这样剪毛效果会更好；剪毛时，地面要保持干净，同时要尽量避免损伤皮肤，一般羊毛留茬高度为 0.3~0.5 cm，若因剪毛技术原因而使得毛茬过高，切记不要重剪；剪毛 1 周后，做好羊只的保暖工作，以免羊只感冒，造成损失；对种公羊和核心群母羊，应做好剪毛量和剪毛后体重的测定和记录工作，以便今后育种工作的开展；另外，在剪毛后 20 天左右，应选择晴朗的天气，对羊只进行药浴，以防止疥癣的发生，影响羊毛质量。

（四）羊的驱虫

根据养殖场所在地寄生虫病的流行情况，每年定期驱虫。羊易感染的寄生虫病有羊肝片吸虫病、羊绦虫病、羊肺丝虫病、羊鼻蝇蛆病、羊捻转胃虫病、羊结节虫病、羊多头蚴病、羊毛圆线虫病等。常用的驱虫药物有驱虫净、丙硫咪哩、虫可星（阿维菌）素等。一般要有针对性地选择驱虫药物，或交叉用 2~3 种驱虫药，或重复使用 2 次等都会取得很好的驱虫效果。一般在每年春、秋两季选用合适的驱虫药，按说明要求进行驱虫。驱虫后 10 天内的粪便应统一收集，进行无害化处理。

（五）羊的防疫

羊只的免疫接种是一种通过激发羊体产生特异性抗体后，使其对某种传染病从易感转化成不易感的手段。一般情况下，2月底，要接种羊三联四防灭活疫苗，无论大小羊，每只肌注 5 mL；3月上旬至4月份，不论大小羊，尾根皮内注射羊痘苗（每只 0.5 mL）；口蹄疫苗应在每年春秋两季各接种一次，母羊在分娩前4周接种一次；9月上中旬，布氏杆菌、炭疽疫苗按说明接种；9月下旬再注射一次羊三联四防灭活疫苗；怀孕母羊产前 20~30 天，羔羊痢疾菌疫苗皮下注射 2 mL，10 天后再注射 3 mL。具体的免疫程序应根据本场实际情况进行制定。

毛用羊饲养管理除了要做好以上日常管理，还要定时对羊只进行修蹄、药浴、羔羊去势等工作，具体操作方法已经在前面介绍，此处不再赘述。

五、毛用羔羊培育技术

当羔羊出生后，其生活环境由母体体内转移到体外，外界环境的骤变，使得这一阶段的饲养管理对羔羊的存活率和生长发育、生产性能等产生重要作用。

羔羊的饲养管理可以分为两个阶段：第一个阶段是在羔羊出生前的饲养管理，这个过程只要保证妊娠期母羊的饲养管理，使胎儿发育完善，产后母羊泌乳能力强，就能使羔羊后期发育具备坚实基础；另一个阶段是羔羊出生后的饲养管理。对于羔羊出生前母羊的饲养管理已经在前面阐述过，此处主要介绍羔羊出生后的饲养管理。

（一）羔羊的特点

（1）初生羔羊体温调节能力尚不完善，体温易受环境温度变化的影响，特别是生产后几个小时最明显。受寒冷刺激，易发生感冒、肺炎等病。冬春寒冷时出生的羔羊要注意保暖。

（2）初生羔羊抵抗力和适应力差，全靠吃初乳维持生存。

（3）羔羊消化力弱，吸吮的乳汁直接进入真胃进行消化，由于各种消化酶还不健全，肠神经的反射相当弱，易引起消化不良和拉稀。

（4）羔羊肝功能的解毒能力弱，分解合成的代谢能力更弱。

（二）初乳期羔羊的管理

羔羊应尽快吃好初乳，同时要保证羔羊的防寒保暖；羊舍要干燥、清洁，勤换垫草，保证羔羊居住环境的卫生；要注重疾病的防治，预防羔羊口疮、痢疾等疾病，在10天内对羔羊进行编号、去角等。

（三）常乳期羔羊的管理

本阶段的工作一方面要提高母羊泌乳量，另一方面要对羔羊进行早期诱食和补饲，逐步减少对母乳的依赖，为羔羊断奶做好准备，以减少断奶产生的应激反应。在这个时期通过补饲精饲料和干草，可以促进羔羊瘤胃发育及反刍功能的形成，提高食欲。

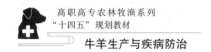

（四）断奶

对断奶后的羔羊根据性别、体况的不同进行分群饲养，同时还要进行驱虫等工作。断奶后羔羊的饲料应逐渐转变，同时要加强羔羊的补饲。

六、毛用育成羊饲养管理技术

毛用育成羊是指羔羊断奶后至第一次配种的这个阶段。这个阶段是羊只生长发育的关键时期，关系到其一生的生产性能。

要保证育成羊对营养物质需要的供给，并且应该对公羊、母羊进行分群饲养，防止过早偷配。这个时期的营养供应充足，不仅可以促进毛用羊的生长发育，还可以增加其羊毛的产量和羊毛品质；若营养物质供应不足，则其生长发育会出现异常，出现体窄而浅、四肢高、体重小等状况，羊毛产量也低。

在草料丰富的季节，要做好放牧工作，但要注意放牧距离不宜过远。在羔羊刚断奶时，即育成前期，对粗料的利用能力较差，此时的日粮应该以精饲料为主，补饲优质干草和多汁饲料。到育成后期，羊的瘤胃系统已发育完善，可以喂食粗饲料，同时也要添加精饲料或优质青贮料等。如果是舍饲期间，应按饲养标准饲喂，并经常检查体重，及时调整日粮，保证其正常的生长发育。因此，育成期的饲养管理，直接影响其本身体况和繁育。

七、毛用成年母羊饲养管理技术

母羊饲养管理得好坏关乎其是否能够正常发情、配种、妊娠，以及胎儿的成活和后期生长发育。为了提高母羊的繁殖效率，应在各个阶段给予合理的饲养管理，满足其营养需求。按生理阶段，母羊饲养分为空怀期、妊娠期和哺乳期。而妊娠期分为妊娠前期和妊娠后期，哺乳期又分为哺乳前期和哺乳后期。

（一）空怀期

母羊由于前一时期的妊娠和哺乳，营养付出较多，体况较差。这一阶段的主要任务是尽快抓膘复壮，促进母羊发情，为再次配种做好准备，因此空怀期母羊的饲养管理非常重要。由于羊的配种主要是在春、秋两季，因此在配种前1~1.5个月就要提供优质青草或到牧草丰富的牧地放牧，并且要根据羊群和每只羊的营养状况，尤其要对体况不佳的母羊进行适当补饲，以促使母山羊在配种期能正常发情、排卵及受胎。

（二）妊娠期

羊的妊娠期是150天左右，整个妊娠期可分为妊娠前期和妊娠后期。

1. 妊娠前期

怀孕后的前90天为妊娠前期。该时期胎儿发育较慢，母羊的合成代谢和消化吸收能力都较强，因此，提供给母羊的营养物无显著增加，维持空怀期饲喂量即可。在这个时期，主要是保胎，可提供10%精饲料、50%的青干草和40%青贮料。要保证饲料无发霉变质，不饮用冰水，防止怀孕母羊受惊流产。

2. 妊娠后期

怀孕后 91～150 天为妊娠后期。该时期胎儿生长迅速，90%的初生重都是在这个时期完成的。为了满足胎儿生长发育的要求和为母羊泌乳做准备，这个阶段所需营养多，因此要保证较高的营养水平。营养不足的话，羔羊的初生重小，抵抗力弱，成活率低，同时，母羊的体况也不好，会影响其泌乳和羔羊的生长发育。在妊娠后期除放牧外，还必须每天给母羊补饲精饲料 0.45 kg，青贮饲料 1.5 kg，干草 1.5 kg、食盐 0.01 kg，蛋白质、维生素和微量元素含量要高，尤其是钙、磷含量，否则会造成母羊产后瘫痪。在临产前 1 周左右，要适当减少精料量，避免胎儿过大造成难产。此外，在后期管理中，要坚持让羊运动，以防止难产，但运动不可剧烈；不能鞭打、恐吓羊，防止羊只打斗和相互拥挤；用药要规范，圈舍要保持干净，临产前 7～10 天进产房。

(三) 哺乳期

母羊哺乳期一般在 3 个月左右。根据羔羊对母乳的需求情况，哺乳期又分为哺乳前期和哺乳后期。

1. 哺乳前期

羔羊出生后 45～60 天为哺乳前期。这个阶段母羊泌乳量多，羔羊发育快，体质好，成活率高，尤其是母羊产后 1 个月内，母乳能给羔羊提供生长发育所需的全部营养物质。由于该阶段羔羊对营养物质需求量大，易造成母羊因自身采食不能满足泌乳需要，而动用自身储备物质来弥补，因此，在哺乳前期，为了满足羔羊对营养物质的需求及母羊泌乳需求，对于带仔母羊，应保证补饲精饲料 0.4 kg 左右，如果是产双羔母羊，则补饲精饲料更要增加到 1.5 kg。母羊泌乳量在产羔后逐渐增加，在 5 周左右达到高峰，10 周后开始下降，此时要保证母羊有充足的日粮。在产后 3 天内一般不补饲精饲料，防止母羊发生乳房炎，但需提供一些易消化的优质干草、麸皮汤、盐水，可以促进母羊体内恶露排出。3 天后可以逐渐增加精饲料的用量和一些优质青干草和青绿饲料，以促进母羊的泌乳功能。

2. 哺乳后期

羔羊出生后的 60～90 天为哺乳后期。到这个阶段，母羊的泌乳量已经开始下降，同时羔羊胃肠机能发育基本完成，瘤胃微生物群逐渐建立，能够自行采食饲料，羔羊对母乳的依赖性减小，逐步从以母乳为主到以饲料为主的阶段。此时可以采用以饲草、青贮饲料为主，少量精饲料为辅的饲喂标准来饲喂母羊，保证母羊下一个配种期具备良好体况。同时，母羊和羔羊在这个阶段的放牧时间和距离也可以逐渐增长。

八、毛用种公羊饲养管理技术

种公羊在整个羊群中是一个特殊群体，数量虽然少，但对提高羊群生产力和杂交改良当地山羊都起着重要的作用。俗话说得好：公羊好，好一坡，母羊好，好一窝。由此可见，对种公羊进行科学饲养管理，就是要保持其良好的种用体况、健壮的体质，并具有充沛的精力和旺盛的性欲，精液品质好，能更好地发挥其种用价值。

（一）种公羊的特点

（1）公羊没有明显的繁殖季节，常年都能配种。但公羊的性欲表现，特别是精液品质，也具有季节性变化的特点。种公羊的性欲一般还是秋季最好，但秋季其食欲下降；而在非繁殖季节，其性欲减弱，食欲却逐渐增强；在夏季，天气炎热也会造成公羊性欲冷淡，食欲下降。因此，公羊的非配种期和配种期的饲养是不相同的。

（2）全价的日粮和健全的性器官是获得公羊优质精液的基础。

（3）适宜的运动和提供优质饲草，并且在适配年龄进行配种和定期进行采精，则公羊的繁殖能力强，种用价值高，利用年限长。

（二）种公羊的饲养管理

种公羊的饲养方式一般选择放牧和舍饲相结合的形式进行。种公羊的主要饲料是优质的豆科与禾本科混合干草，一年四季均要满足供给。饲料种类要多样化，营养全面，价值高，易消化，适口性好；日粮中要富含蛋白质、维生素和矿物质。夏季可以补以占半数的青刈草及青绿饲料，冬季则补给适量的多汁饲料或青贮饲料。日粮营养不足部分用混合精饲料补充。种公羊在配种季节以及用于人工授精的种公羊均要增加混合精饲料的供给量。为了促进公羊精子的生成和延长精子存活时间，可以补充蛋白质饲料，特别是动物性蛋白质饲料，而青草、胡萝卜、南瓜、发芽饲料等富含维生素，对精子的生成也有促进作用。适量的燕麦、大麦、高粱、麸皮等也可提高精子活力。

种公羊的饲养分为非配种期和配种期。

1. 非配种期饲养

非配种期是种公羊饲养的基础，这个阶段也是为了恢复公羊精力和体况，保证其配种季节性欲旺盛，利用时间长。在刚结束配种的 1~2 个月时间内，公羊的日粮应该与配种期一致，增加放牧时间，然后根据体况恢复情况，适量减少精饲料量，逐渐转为非配种期日粮。在非配种期内，由于夏季牧草丰富，放牧是种公羊主要的饲养方式，在此基础上可以只补饲精饲料 500 g 即可。而在冬季，除放牧外，每天可补喂 0.5 kg 胡萝卜、0.5 kg 精饲料、3 kg 干草、5~10 g 食盐、5 g 骨粉。在配种前 1.5~2 个月就应按配种期营养标准要求进行饲养。

2. 配种期饲养

种公羊在配种期要消耗大量的体力和养分，因配种任务繁重，对营养物质的需要量很大，提供充分的营养，才能保证其良好的精液品质。

种公羊的配种期饲养又分为配种预备期和配种期。

（1）配种预备期：配种预备期一般指的是临近配种期前 1~1.5 个月。配种预备期应该增加饲料量,尤其是精饲料。一般按配种期的60%~70%供给,然后逐步增加到配种期的精饲料饲喂量。在这个时期除了要加强饲养外,还要加强公羊的运动,有条件的可以进行放牧。

(2) 配种期:配种期指的是配种后1~1.5个月。这个阶段日粮大致为:精料1 kg、青干草2 kg、胡萝卜0.5~1 kg、食盐15~20 g。一般分2~3次饲喂。在配种期种公羊的饲养管理要仔细、认真,日常要注意观察羊的采食、饮水、排泄和运动情况。在配种前一定时间内,要对公羊进行采精训练和精液品质检查,同时要根据公羊体况和精液品质来调节日粮和运动。

3. 种公羊饲养的其他管理

(1) 公羊圈舍通风要良好,圈舍应修成带漏缝地板的结构;圈舍要定期消毒,并尽量远离母羊舍。

(2) 种公羊的饲料要保持新鲜,对吃剩的饲料要及时清除。

(3) 种公羊进行放牧时,一般选择早晚进行,中午返回圈舍休息。放牧时要与母羊分群,同时也要防止因公羊之间的打斗而造成受伤。

(4) 做好公羊定期免疫、驱虫和保健工作。

(5) 夏季要注意种公羊的防暑降温,增喂青绿饲料,多饮水。

模块二 肉用羊生产

一、肉用羊的外貌特征及评定

(一) 肉用羊的外貌特征

肉用羊的体型外貌评定是以品种和肉用类型特征为主要依据进行评定的。就肉用型绵、山羊来说,其外形结构和体躯部位应具备以下特征。

1. 整体结构

体格大小和体重达到品种的月(年)龄标准,躯体粗圆,长宽比例协调,各部结合良好;臀、后腿和尾部丰满,其他产肉部位肌肉分布广而多;骨骼较细,皮薄而富有弹性,被毛着生良好且富有光泽;具有本品种的典型特征。

2. 头、颈部

按品种要求,口方、眼大而明亮,头型较大,额宽丰满,耳纤细、灵活。颈部较粗,颈肩结合良好。

3. 前躯

肩丰满、紧凑、厚实,前胸宽而丰满。前肢直立结实,腿短且间距宽,颈部细致。

4. 中躯

正胸宽、深,胸围大。背腰宽而平,长度适中,肌肉丰满。肋骨开张良好,长而紧密。腹底成直线，腰间结合良好。

5. 后躯

臀部长、平、宽而开展，大腿肌肉丰满，后裆开阔，小腿肥厚。后肢短、直而细致，肢势端正。

6. 生殖器官与乳房

生殖器官发育正常，无机能障碍，乳房明显，乳头粗细、长短适中。

（二）肉用羊生产性能评定的主要指标

肉用羊体大、早熟，生长快，肉质好，繁殖力强。幼龄羊的平均日增重和饲料利用率高，出栏体重大，饲养周期短；产肉能力强，屠宰率高，肌肉细嫩多汁，脂肪分布均匀；四季发情，配种年龄早，每胎产羔数多，产羔频率高。

评定肉用羊生产性能的指标主要包括以下几个。

屠宰率：胴体重加内脏脂肪（包括大网膜和肠系膜脂肪）和脂尾重，与羊屠宰前活重（宰前空腹24小时）之比。

胴体重：屠宰放血后剥去毛皮、去头、内脏及前肢腕关节和后肢关节以下部分，整个躯体（包括肾脏及其周围脂肪）静止30分钟后的重量。

胴体净肉率：胴体净肉重与胴体重的比值。

肉骨比：胴体净肉重与骨重的比值。

眼肌面积：测倒数第一和第二肋骨间脊椎上的背最长肌的横切面积，因为它与产肉量呈正相关。测量方法：用硫酸纸描绘出横切面的轮廓，再用求积仪计算面积。如无求积仪，可用公式估测：

$$眼肌面积(cm^2) = 眼肌高(cm) \times 眼肌宽(cm) \times 0.7$$

胴体品质：主要根据瘦肉的多少及色、脂肪含量、肉的鲜嫩度、多汁性与味道等特性来评定。上等品质的羔羊肉，应该是质地坚实而细嫩味美，膻味轻，颜色鲜艳，结缔组织少，肉呈大理石纹状，背脂分布均匀而不过厚，脂肪色白、坚实。

二、肉用羊的育肥方式

肉用羊生产多用杂交的方式，培育具有杂种优势的杂种羊，或者利用本地的粗毛羊、细毛羊或半细毛羊等进行育肥，方式有放牧育肥、舍饲育肥和混合育肥。至于到底采取何种方式进行育肥，要根据当地牧草资源状况、羊源种类与质量、肉羊生产者的技术水平、肉羊场的基础设施等条件来确定。

（一）放牧育肥

放牧育肥是利用天然草场、人工草场或秋茬地放牧抓膘的一种育肥方式，生产成本低，应用较普遍。在安排得当时，能获得理想的效益。

1. 选好放牧草场，分区合理利用

应根据羊的种类和数量，充分利用夏、秋季天然草场，选择地势平坦、牧草茂盛的放牧地。幼龄羊适于在豆科牧草较多的草场放牧育肥；成年羊适于在禾本科较多的草场放牧育肥。

为了合理利用草场和保护牧草的再生能力，放牧地应按地形划分成若干小区，实行分区轮牧，每个小区放牧 4~6 天后移到另一个小区放牧，使羊群能经常吃到鲜嫩的牧草和枝叶，同时也使牧草和灌木有再生的机会，有利于提高产草量和利用率。

2. 加强放牧管理，提高育肥效果

放牧育肥的羊只，应按品种、年龄、性别、放牧的条件分群，保证育肥羊在放牧地上采食到足够的青草量，一般羔羊可达 4~5 kg 以上，大羊可达 7~8 kg 以上。放牧时，尽可能延长放牧时间，早出牧，晚归牧，必要时进行夜牧，就地休息，保证饮水，每天放牧时间应达 10~12 小时以上。放牧方法上讲究一个"稳"字，少走冤枉路，多吃草，避免狂奔。这种育肥方法成本较低，效益相对较高，一般经过夏、秋季节，育肥羔羊体重可增加 10~20 kg。

为提高放牧育肥效果，养羊生产上应安排母羊产冬羔和早春羔，这样羔羊断奶后，正值青草期，可充分利用夏、秋季的牧草资源，适时育肥和出栏。

（二）舍饲育肥

舍饲育肥是根据肉羊生长发育规律，按照羊的饲养标准和饲料营养价值，配制育肥日粮，并完全在舍内喂、饮、运动的一种育肥方式。饲料的投入相对较高，但羊的增重快，胴体大，出栏早，经济效益高，便于按照市场的需要进行规模化、工厂化的肉羊生产，适合在放牧地少的地区或饲料资源丰富的农区使用。

1. 合理利用育肥饲料

舍饲育肥羊的饲料主要由青、粗饲料，农副业加工副产品和各种精饲料组成，如干草、青草、树叶、作物秸秆，各种糠、糟、渣、油饼、作物籽实等。粗饲料需经加工调制，精饲料需制成混合料，按肥育标准饲喂。

一般舍饲育肥羊的混合精饲料可占到日粮的 45%~60% 左右，随着育肥强度的加大，精饲料比例应逐渐升高。注意不要过度补饲精饲料。

2. 添加剂在肉羊生产中的应用

羊的育肥添加剂包括营养性添加剂和非营养性添加剂，其功能是补充或平衡饲料营养成分，提高饲料适口性和利用率，促进羊的生长发育，改善代谢机能，预防疾病等。正确使用饲料添加剂，可提高羊育肥的经济效益。

（1）尿素的利用。每千克尿素的含氮量相当于 2.6~2.9 kg 粗蛋白质或 6~7 kg 豆饼的含氮量。

尿素喂羊应注意下列事项：

严格控制喂量：尿素不能替代日粮中的全部蛋白质，只是在日粮蛋白质不足时才喂，喂量可按羊体重的 0.02%~0.05% 计算。

合理饲喂：喂尿素应由少到多，逐渐增加到规定喂量，一般每日 2~3 次，喂后不能马上饮水，切忌单纯饮用或直接喂饲，必须配合易消化的精饲料喂饲；饲喂尿素不能空腹饲喂或时停时喂，连续饲喂效果才好；也不能和生豆类饲料混合饲喂，因生豆饼含有脲酶，对尿素分解很快，易使羊中毒。

预防尿素中毒：若饲喂方法不当或喂量过大，易造成羊尿素中毒；一旦中毒，可静脉注射10%～25%葡萄糖，每次100～200 mL，或灌服食醋0.5～1 L来急救。

（2）羊育肥复合饲料添加剂。它是由微量元素（铁、铜、锰、锌、硒等）、瘤胃代谢调节剂、生长促进剂及对有害微生物抑制物质组成，适于生长期和育肥期间饲喂，用量每天每只羊2.5～3.3 g，混入饲料中饲喂。

（3）杆菌肽锌。它是抑菌促生长剂，对畜禽都有促生长作用，有利于养分在肠道内的消化吸收，改善饲料利用率，提高增重。羔羊用量每千克混合料中添加10～20 mg（42万～84万单位），在饲料中混合均匀饲喂。

（三）混合育肥

放牧与补饲相结合的育肥方式，既能利用夏、秋牧草生长旺季，进行放牧育肥，又可利用各种农副产品及少许精饲料，进行补饲或后期催肥。这种方式比单纯依靠放牧育肥效果要好，适合全国各地的肉用羊育肥生产条件。

放牧兼补饲的育肥可采用两种途径：一种是在整个育肥期，自始至终每天均放牧并补饲一定量的混合精饲料和其他饲料。要求前期以放牧为主，舍饲为辅，少量补料，后期以舍饲为主，多量补料，适当就近放牧采食。另一种是前期安排在牧草生长旺季全天放牧，后期进入秋末冬初转入舍饲催肥，可依据饲养标准配合营养丰富的育肥日粮，强度育肥30～40天，出栏上市。我国肉羊生产中，常对一些老残羊和瘦弱羊，在秋末集中1～2个月舍饲育肥，可充分利用粮食加工副产品或少许精饲料补饲催肥，费用少，经济效益高。

三、羔羊育肥技术

现代羊肉生产的主流是羔羊肉，尤其是肥羔肉。随着我国肉羊产业的发展和人们生活、经济条件的改善，羔羊肉的生产将是羊的育肥重点。

（一）育肥期及育肥强度的确定

羔羊在生长期间，由于各部位的各种组织在生长发育阶段代谢率不同，体内主要组织的比例也有不同的变化。通常早熟肉用品种羊在生长最初3个月内骨骼的发育最快，此后变慢、变粗，4～6个月龄时，肌肉组织发育最快，以后几个月脂肪组织的增长加快，到1岁时肌肉和脂肪的增长速度几乎相等。

1. 肥羔生产

按照羔羊的生长发育规律，周岁以内尤其是4～6月龄以前的羔羊，生长速度很快，平均日增重一般可达200～300 g。如果从羔羊2～4月龄开始，采用强度育肥的方法，育肥期50～60天，其育肥期内的平均日增重能达到或超过原有水平，这样羔羊长到 4~6 月龄时，体重可达成年羊体重的 50% 以上。出栏早，屠宰率高，胴体重大，肉质好，深受市场欢迎。

2. 羔羊肉生产

对于 2~4 月龄平均日增重达不到 200 g 的羔羊，须等体重达 25 kg 以上，至少是 20 kg 以上，才能转入育肥，即进行羔羊肉生产。

这种方式须等羔羊断奶后，才能进行育肥且育肥期较长（90~120 天），一般分前、后两期育肥，前期育肥强度不宜过大，后期（羔羊体重 30 kg 以上）进行强度育肥，一般在羔羊生后 10~12 月龄就能达到上市体重和出栏要求。

羔羊断奶后育肥是羊肉生产的主要方式，因为断奶后的羔羊除小部分选留到后备群外，大部分要进行出售处理。一般来讲，对体重小或体况差的羔羊进行适度育肥，对体重大或体况好的进行强度育肥。

(二) 羔羊育肥期的饲养管理

对进行羔羊肉生产的育肥羔羊，适合采用能量较高、保持一定蛋白质水平和矿物质含量的混合精饲料来进行育肥。育肥期可分预饲期（10~15 天）、正式育肥期和出栏三个阶段。

育肥前应做好饲草（料）的收集、贮备和加工调制，圈舍场地的维修、清扫、消毒和设备的配置等工作。预饲期应完成对羊只的健康检查、防疫、驱虫、去势、称重、健胃、分群、饲料过渡等项目的执行。正式育肥期主要是按饲养标准配合育肥日粮，进行投喂，定期称重，了解生长发育情况。合理安排饲喂、放牧、饮水、运动、消毒等生产环节。采用正确的饲喂方法，避免羊只拥挤和争食，尤其防止弱羊采食不到饲料，保证饮水充足，清洁卫生。出栏阶段主要是根据品种和育肥强度，确定出栏体重和出栏时间，应视市场需要、价格、增重速度和饲养管理等综合因素确定。

四、成年羊育肥技术

羊育肥在年龄上可划分为 1~1.5 岁羊和 2 岁以上的成年羊（多数为老龄羊），并按膘情好坏、年龄、性别、品种、体重、外貌等进行必要的挑选，然后进行育肥。主要目的是在短期内增加羊的膘度，使其迅速达到上市的良好育肥状态。依据生产条件，可选择使用放牧育肥、舍饲育肥、混合育肥的方式，但以混合育肥和舍饲育肥的方式较多。

1. 育肥羊的选择

成年羊育肥应挑选好羊只，一般来讲，凡不做种用的公、母羊和淘汰的老弱病残羊均可用来育肥，但为了提高肥育效益，要求用来育肥的羊体形大，增重快，健康无病，最好是肉用性能突出的品种，年龄在 1.5~2 岁左右。

2. 育肥期的饲养管理

成年羊的整个育肥期可划分为预饲期（15 天）、正式育肥期（30~60 天）、出栏三个阶段。

预饲期的主要任务是让羊只适应环境、饲料、饲养方式的转变，完成健康检查、注射疫苗、驱虫、称重、分群、灭癣、修蹄等生产环节。预饲期应以粗饲料为主，适量搭配精饲料，并逐步将精饲料的比例提高到40%。进入正式育肥期，精饲料的比例可提高到60%，补饲用混合精饲料的配方比例大致为：玉米、大麦、燕麦等能量籽实类饲料占80%左右，蚕豆、豌豆、饼粕类等植物性蛋白质饲料占20%左右，食盐、矿物质和添加剂的比例可占到混合精饲料的1%~2%。

成年羊育肥应充分利用秸秆、天然牧草、农副产品及各种下脚料，制定合理的饲料配方，必要时可使用尿素和各种饲料添加剂。舍饲育肥期间，要制定合理的饲养管理工作日程，正确补饲，先给次草次料，后给混合精饲料，定时定量饲喂，保证饮水，注意清洁卫生，定期称重，随市场需要适时出栏。

模块三　奶山羊生产

奶山羊业是我国畜牧业的重要组成部分，在国民经济及人民生活中具有重要地位。近几年，随着人民生活水平的不断提高和国家促进奶业生产发展的一系列政策的实施，我国奶业生产得到了迅速发展。因此，奶山羊业作为畜牧业中具有较强活力的产业，越来越被人们重视，并呈现不断发展的趋势。目前，我国广大的农村和农场正处于调整农业产业结构的关键时刻，将奶山羊业作为突破口，实行农牧结合，建设一个农牧结合的生态体系，是实现我国农业可持续发展的关键性战略。

一、奶山羊的外貌特征

奶山羊的外貌特征，因品种和饲养地区不同各有差异，其共同特点是：成年奶山羊的前躯较浅较窄，后躯较深较宽，整个体躯呈楔形。全身细致紧凑，各部位轮廓非常清晰，头小额宽，颈薄而细长。背部平直而宽，胸部深广。四肢细长强健，皮肤薄而富有弹性，毛短而稀疏。产奶量高的奶山羊，乳房的形状呈扁圆形或犁形，丰满而体积大，皮肤薄细而富有弹性，没有粗毛，仅有很稀少而柔软的细毛；乳头大小适中，略向前倾。

二、奶山羊的饲养

（一）奶山羊的日粮配合

奶山羊的日粮，就是奶山羊一昼夜所采食的各种饲料的总量。奶山羊的日粮配合，就是以奶山羊的饲养标准为依据，选择不同数量的几种饲料组配成日粮。一个好的奶山羊的日粮配方，应在日粮中营养含量符合奶山羊的营养标准，并在饲喂实践中产生增效功能。奶山羊的日粮，在饲料搭配上要注意精饲料与粗饲料的比例适当。例如，高产奶山羊的精、粗比为4∶6；低产奶山羊的精、粗比为3∶7。奶山羊日粮，

在饲料搭配上要注意配合饲料的营养性、生产上的有效性和安全无害性，还要注意配合日粮容积的适量性。所选饲料要新鲜、清洁，尽可能是本地来源容易的饲料。饲料搭配的营养量要根据奶山羊的产奶量、山羊体况、妊娠期、干奶期做适当的调整，使适其需要，发挥效用。

（二）奶山羊的饲养方式

奶山羊的饲养方式分为放牧、放牧+舍饲和舍饲三种。

1. 放牧

这是一种比较原始而粗放的饲养方式，多为地广人稀的天然草原地区和丘陵山区采用。羊为农户所有，草原属集体或国家所有，全年放牧，很少补饲。奶山羊的生长、产奶受自然条件、季节和牧草盛衰的影响较大，管理粗放，但省劳力，低产羊及公羔育肥适宜此种饲养方式，饲养规模为60～200只。因羊舍简陋和很少补料，虽然生产水平很低，但成本也低，其经济效益还不错。此法不利于提高产奶量，且常会发生草畜矛盾，需要与草场改良、贮藏越冬和补饲精饲料相结合，才能获得更好的经济效益。

2. 放牧半舍饲

这是奶山羊较适宜的一种饲养方式。农户将种田与养羊相结合，平川与山原自然环境相结合，饲养规模一般为60～100只。除了泌乳羊外，特别适合青年羊的培育和种公羊非配种期的饲养。羊舍建在交通方便的地方，产奶母羊早晚挤奶、补饲精饲料和干草，中间放牧。此种饲养方式，羊只可以得到全面的营养，运动充足，还能节省饲料开支，但牧地不宜过远，否则因体力消耗太大而影响产奶量。小家庭饲养10只以下，用农副产品、残羹剩饭饲喂，利用路旁、田边、渠道小群放牧或拴系放牧。

3. 舍饲

这是城市工矿区和农业发达而土地资源有限的地区采用的一种饲养方式。常与集约化生产体系相结合，羊群规模较大，其数量多少受市场价格、资金、饲料资源、管理技术水平影响，饲养规模一般在60～150只。要求管理现代化、机械化程度高，有较好的羊舍、高产的品种和高的产奶量，集约饲养，科学管理。但投资大，羊运动少，饲养费工且饲养管理技术要求较高。

（三）不同生产阶段的奶山羊的饲养方式

1. 泌乳母羊的饲养

泌乳母羊的饲养大致可分为泌乳初期、泌乳高峰期、泌乳稳定期、泌乳后期与干奶期五个阶段。

（1）泌乳初期。

母羊产后20天内为泌乳初期，也称恢复期，它是由产羔向泌乳高峰过渡的时期，此时，应以恢复体力为主。在产后5～6天内，应给以易消化的优质幼嫩干草，饮用小米粥或麸皮汤，并给少量的精饲料和青贮饲料，14天以后，精饲料增加到正常的喂量，一般 50 kg 体重的母羊日喂精饲料 0.6 kg。

泌乳早期增加精饲料，可提高泌乳高峰期的产奶量和延长泌乳期。而精饲料的增加，应根据母羊的体况、食欲、乳房膨胀情况、产奶量的高低逐渐增加，灵活掌握，千万不能操之过急。精饲料过多反而会导致母羊患酸中毒病。青绿多汁饲料、精饲料、豆饼有催奶作用，给得过早过多，奶量上升很快，但会影响母羊体质和生殖器官的恢复，还容易发生消化不良，重则引起拉稀，影响本胎的产奶量。

一些母羊产后有吞食胎衣的恶习，若产后吞食胎衣，轻者影响奶量，重者会伤及终生消化力。泌乳母羊日粮中粗蛋白质含量以 12%~16% 为宜，具体含量要根据粗饲料中粗蛋白质的含量灵活掌握。饲喂禾本科干草时，其精饲料的粗蛋白质含量 14%~16%，而饲喂优质豆科干草时，粗蛋白质含量 12%~14%，粗纤维含量以 16%~18% 为宜，钙含量 0.6%~1%，磷含量 0.4%~0.5%，钙、磷比例为 1.5∶1，干物质采食量按体重的 3%~5% 供给。

（2）泌乳高峰期。

母羊产后 20~120 天为泌乳高峰期，特别是产后 30~70 天产奶量最高，其泌乳量占整个泌乳期的一半，因此，饲养要特别细心，营养要全面。产羔 20 天后，母羊逐渐进入泌乳高峰期，为了促进泌乳，提高产奶量，在原来饲料标准的基础上，应提前增加一些预支饲料，这叫催奶。从什么时候开始催奶，这要根据母羊的体质、消化机能和产奶量来决定，一般在产后 20 天左右，过早会影响体质恢复，过晚则影响产奶量。

高产羊的泌乳高峰期出现较早，采食高峰出现较晚，为了防止泌乳高峰期营养亏损，饲养上要做到：产前（干奶期）丰富饲养，产后大胆饲养，精心护理；饲料的适口性好，体积小，营养高，种类多，易消化；增加饲喂次数，改进饲喂方法，定时定量，少给勤添，清洁卫生；增加多汁饲料和豆浆，保证充足饮水，使其自由采食优质干草和食盐。

（3）泌乳稳定期。

母羊产后 120~210 天为泌乳稳定期。此期产奶量虽已逐渐下降，但下降较慢（每天递减 5%~7%），这一阶段正处在 7~9 月份，北方干燥炎热，南方阴雨湿热，尽管饲料较好，但不良的气候对产奶量还是有一定影响。在饲养上，要坚持不任意改变饲料、饲养方法及工作日程，尽一切可能使高产奶量稳定地保持一个较长的时期。因为此期产奶量如有下降就不容易再上升。天热时，要多给营养价值高、适口性好的青绿多汁饲料，保证清洁的饮水。这一阶段精饲料要较前减少，特别是产奶量低的母羊，精饲料过多会造成母羊肥胖，影响配种。

（4）泌乳后期。

母羊产后 210 天至干奶前，为泌乳后期。由于受气候、饲料的影响，尤其是受发情与怀孕的影响，产奶量显著下降，饲养上要想办法使产奶量下降得慢一些。在泌乳高峰期，精饲料喂量的增加要走在产奶量上升之前，而在泌乳后期，精饲料喂养的减少要走在产奶量下降之后，这样会减缓产奶量下降的速度。泌乳后期的3个月，也是怀孕的前3个月，胎儿虽增重不大，但对营养的要求要全价。此期应减少精饲料，多给优质粗饲料。

（5）干奶期。

母羊经过10个月的泌乳和3个月的怀孕营养消耗很大，为了使其有恢复和补充的机会，让其停止产奶，就叫干奶。停止产奶的这一段时间叫干奶期。干奶的目的是使羊体得到恢复，乳腺得到休整，以保证胎儿的正常生长发育，并使母羊体内储存一定量的营养物质，为下一个泌乳期奠定物质基础。

干奶期的母羊，体内胎儿生长很快，母羊增重的50%是在干奶期增加的，此时虽不产奶，但还需储存一定的营养物质，要求饲料水分少、干物质含量高。营养物质给量可按妊娠母羊饲养标准供给。一般的方法是：在干奶的前40天，50 kg体重的羊，每天给1.5 kg优良豆科干草、2.5 kg玉米青贮、0.5 kg混合精饲料；产前20天要增加精饲料喂量，适当减少粗饲料给量，一般60 kg体重的母羊，给混合精饲料0.6~0.8 kg。

增加精饲料，一是满足胎儿生长的营养需要，二是促进乳房膨胀，三是使母羊适应精饲料量的增加，不至于产后突然暴食，引起消化机能障碍，为产后增加精饲料打好基础。减少粗饲料喂量，是为了防止其体积过大，压迫子宫，影响血液循环，影响胎儿发育或引起流产。产前乳房水肿严重的母羊，要控制精饲料喂量。为了防止产后瘫痪，饲料中钙的含量不宜太高，以不超过0.5%为宜。

干奶期不能喂发霉变质的饲料和冰冻的青贮饲料，不能喂酒糟、发芽的马铃薯和大量的棉籽饼、菜籽饼等，要注意钙、磷和维生素的供给，可让羊自由舔食骨粉、食盐，每天补饲一些野青草、胡萝卜、南瓜之类的富含维生素的饲料。严禁饮冰冻水和大量饮水，更不能空腹饮水，以避引起母羊流产。饮水的温度不宜低于8 ℃。

2. 育成羊的培育

育成羊的培育从断奶到配种前的青年羊。这一阶段是羊骨骼和器官充分发育的时期，如果营养跟不上，便会影响生长发育、体质、采食量和将来的泌乳能力。加强培育，可以增大体格，促进器官的发育，对将来提高产奶量有重要作用。喂给优良的富含营养的青干草，有利于消化器官的发育，培育成的羊骨架大、肌肉薄、腹大而深、采食量大、消化力强，乳用特征明显、利用年限长，终生产奶也多。丰富的营养和充足的运动，可使青年羊胸部宽广，心脏、肺脏发达，体质强壮。庞大的消化器官、发达的心脏、肺脏是将来高产的基础。半放牧半舍饲是培育青年羊最理想的饲养方式，断奶后至8月龄，每天吃足优质干草的基础上，补饲混合精饲料250~300 g，其可消化粗蛋白质的含量不应低于15%。只要草好，也可以少添加精饲料。料多而运动不足，培育出来的青年羊个子小、体短、肉厚、利用年限短，终生产奶少。青年公羊由于生长速度比青年母羊快,所以给的精饲料要多一些。运动对于青年公羊更为重要,不仅有利于生长发育,而且可以防止形成草腹和恶癖。现将青年羊的混合料配方介绍如下:

配方1:玉米45%,豆饼20%,菜籽饼8%,麸皮22%,尿素1.5%,食盐1%,骨粉2%,无机盐预混剂0.5%。

配方2:玉米52%,麸皮10%,豆饼20%,苜蓿粉10%,糖蜜5%,磷酸钙1%,食盐1%,无机盐预混剂1%。

3. 种公羊的饲养

饲养管理好种公羊的目的是使其具有健康的体质、旺盛的性欲和良好的精液品质,以便更好地完成配种任务,发挥其种用价值。在精子的干物质中,约有一半是蛋白质。在精液的成分中,除了蛋白质外,还有无机盐、果糖和维生素,所以饲养上除了要保证蛋白质的供应外,还应注意能量、无机盐和维生素的供应。

每年8~12月为种公羊的配种期,此时其营养和体力消耗甚大,1~7月为非配种季节,即处于休闲状态。因此,种公羊的饲养在配种期和非配种期有所不同。配种期(8~12月)的公羊,神经处于兴奋状态,不好好采食,加之繁重的配种任务,所以饲养上要特别细心。日粮营养要完全、适口性强、品质好、易消化,粗饲料应以优质豆科干料为主。夏季补饲青苗秸或野青草,冬季补饲含维生素的青贮饲料、胡萝卜或大麦芽。精饲料中玉米比例不可过高,蛋白质必须充分保证。混合精饲料给量,75 kg体重的公羊,配种季节每天给0.75~1 kg,非配种季节每天给0.6~0.75 kg。可消化粗蛋白质以18%~20%为宜,粗纤维以15%为宜。

为了顺利完成配种任务,非配种期(1~7月)仍要加强饲养,使其保持正常体况,被毛光亮,精力充沛。每年春季,公羊性欲减退,食欲旺盛,必须趁此机会加强饲养,使公羊恢复体力。如果此期体力尚未恢复,则很难承担繁重的配种任务。有放牧条件的地方,在乏情期(3~7月),每天可适当放牧。

三、奶山羊的管理技术

(一) 干奶

1. 干奶的方法

干奶的方法分为自然干奶法和人工干奶法。产奶量低、营养条件差的母羊,在泌乳7个月左右配种,怀孕1~2个月以后奶量迅速下降而自动停止产奶,即自然干奶。产奶量高、营养条件好的母羊,较难自然干奶,要人为采取一些措施,让其停奶,即人工干奶法。

人工干奶法分为逐渐干奶法和快速干奶法。逐渐干奶法,其做法是逐渐减少挤奶次数,打乱挤奶时间,停止乳房按摩,适当降低精饲料,控制多汁饲料,加强运动,使羊在7~14天之内逐渐干奶。生产实践中多采用快速干奶法,其做法是在预定干奶时，认真按摩乳房，将奶挤净，然后擦干乳房，用2%的碘液浸泡乳头，再给乳头孔注入青霉素或金霉素软膏，并用火棉胶封闭，之后停止挤奶，7天之内乳房积乳渐被吸收，乳房收缩，干奶结束。

无论何种干奶方法，最后一次挤奶一定要将奶挤净，停止挤奶后要随时检查乳房，若乳房不过于肿胀，就不必管它，若乳房肿胀很厉害，发红、发硬、发亮，触摸时有痛感，就要把奶挤出，重新干奶。如果乳房发炎，必须治疗好后，再次进行干奶。

2. 干奶的天数

正常情况下，干奶约为60天。干奶多少天合适，要根据母羊的营养状况、产奶量高低、体质强弱、年龄大小来决定，一般为45~75天。

3. 干奶期的管理

干奶初期，要注意圈舍、垫草和环境的卫生，以减少乳房的感染。平时要注意刷羊，因为此时最容易感染虱病和皮肤病。怀孕中期，最好驱除一次体内外寄生虫。要注意保胎，严禁打羊和吓羊，出入圈舍谨防拥挤，严防滑倒和角斗。母羊要坚持运动，但不能剧烈。对于腹部过大、乳房过大而行走困难的羊，不可驱赶，任其自由运动，一般情况下不能停止运动，因为运动对防止难产有着十分重要的作用。产前1~2天，让母羊进入分娩栏，查准预产期并做好接产准备。

（二）挤奶

挤奶包括机器挤奶和人工挤奶两种方法。

1. 机器挤奶

在大型奶山羊场，为了节省劳动力，提高工作效率，主要采用机器挤奶方式。欧美发达国家已经普遍采用。机器挤奶一般配有不同规格的挤奶间，挤奶间的构造比较简单，配置8~12个挤奶台，挤奶台距地面约1 m，以挤奶员操作方便为宜。挤奶机的关键部件为挤奶杯，其设计是根据山羊的泌乳特点和乳头构造确定的。机器挤奶的速度很快，一只羊3~5分钟即可完成，2分钟内的挤奶量为产奶量的85%左右。目前研制和使用的山羊挤奶机，每小时可挤100~200只羊。

2. 人工挤奶

我国的奶山羊集约化生产较少，尚无正规的机器挤奶的奶山羊场，小型羊场或农户饲养的奶山羊均采用人工挤奶方式。挤奶前首先应清洁乳房，并对乳房进行充分按摩，这样不仅有利于产奶，而且会促进乳腺发育，提高生产力。

常用的人工挤奶方法有压榨法（拳握法）和滑榨法（指挤法）。

实践证明，压榨法符合奶山羊的生理特点和乳房发育。操作时先用拇指和食指握紧乳头基部，防止乳汁回流，手的位置不动，然后用中指、无名指和小指一起向手心收握，把奶挤出。

另一种方法称为滑榨法或指挤法。挤奶时用拇指、食指和中指三指指尖捏住乳头，从上向下滑动，将乳汁挤出。

无论使用哪种方法，挤完奶后应再次按摩乳房，以便将乳汁挤净。此外，挤奶时要求保持奶室安静清洁，挤奶员要经常修剪指甲，避免损害乳房。对奶山羊态度要温和，挤奶时要专心致志，尽快完成挤奶过程。要按规定的时间、次数和顺序进行，不要随意提前或推后。日挤奶次数应根据产奶量确定，一般2~3次，这样便于使羊形成条件反射，提高产奶量。

（三）去角

去角可以防止山羊争斗时致伤，给挤奶和饲养管理带来不少方便。去角时一般需要两人，一人保定羔羊，另一人进行去角操作。常用的去角方法有下列几种。

1. 化学去角法

化学去角法就是用苛性钾（钠）去角。去角一般在羔羊出生后5~10天内进行。初生羔羊如果有角，其角蕾部分的毛呈旋涡状，手摸时有硬而尖的突起，若无角时头顶没有旋毛，凸起钝圆。去角时，首先应将角蕾部分的毛剪掉，然后在周围涂上凡士林，以防苛性钾（钠）溶液流出，损伤皮肤和眼睛。准备工作做好后，取棒状苛性钾（钠）1支，一端用纸包好（可防止烧伤手指，便于手握），另一端在角蕾部分旋转摩擦，由内到外，由小到大，反复进行。摩擦时间不能过长，摩擦的位置要准确，摩擦面要大于角基部。摩擦面过小或位置不正，往往会出现片状短角；摩擦面过大会造成凹痕和眼皮上翻。去角后，要擦净摩擦面上的药水和污染物，去角羔羊半天内不应让其接近母羊，以免烧伤母羊乳房。

2. 烙铁去角法

羔羊出生后5~7天内可用烙铁去角。方法是用长8~10 cm、直径1.5 cm的铁棒，焊上一个把，在火上烧红取出后，略停片刻，待红色变成蓝色时，绕着羔羊角蕾烧烙。其保定方法与化学去角法相同。此法速度很快，出血少，值得推广。也可用电烙铁去角。

3. 机械去角法

机械去角法是用手术刀从角基处切掉角蕾。对于去角不彻底的，以后长出的残角可用钢锯锯掉。

（四）去势

凡不宜留作种用的公羔均应及时去势。小公羊的去势时间一般在出生后1个月内进行，过早去势不易操作，过晚流血过多。去势应选在晴天进行，这样可减少感染。常用的去势方法有以下三种。

1. 刀阉法

将羔羊两后肢提起，将阴囊外部用5%的碘酒消毒后，紧握阴囊上部，防止睾丸滑到腹腔，用另一只手执刀，在阴囊下方与阴茎中隔平行处两侧各切一条2 cm的小口，挤出睾丸，扯断精索，扯精索时须将两个睾丸向不同方向转拧数次，最后撕断。

然后在切口部涂上碘酒或消炎粉。去势后注意不要让羊卧在潮湿肮脏的地方，以防感染。

2. 结扎法

在阴囊基部扎上橡皮筋，使其血液循环受阻，半月以后阴囊连同睾丸就自行干枯脱落，此法简单方便，适用于羔羊。在去势期间要注意检查，防止结扎部位发炎。

3. 提睾去势法

其方法是将 1 月龄左右的公羊保定后，将其睾丸尽量用力向上推，使睾丸紧贴腹肌，阴囊下方用一弹性的橡皮圈扎紧而形成一个短阴囊。这时由于睾丸靠近腹部肌肉，此处温度约 38 ℃，不适宜精子生存，但性激素的有效功能尚可继续发挥。此种方法方便适用，待公羊长到 1 岁后，宰杀上市，屠宰率较高。

（五）其他注意事项

1. 刷拭

经常刷拭可使羊体清洁，促进新陈代谢和皮肤健康，有利于人、畜亲近，便于管理。刷拭还可提高泌乳能力，保持奶品清洁。刷拭可用鬃刷或草根刷，从上到下，从左到右，从前到后，按照毛丛方向有顺序地进行。注意除去毛皮上的泥土和粪便，保证被毛清洁光顺。

2. 修蹄

蹄是皮肤的衍生物，不断生长，所以必须经常修蹄。长期不修蹄，不仅影响行走，还会引起蹄病，使蹄尖上卷、蹄壁裂开、四肢变形，甚至跪下采食，严重时公羊不能配种，母羊产奶量下降。修蹄最好在雨后进行，这时蹄质变软，容易修理。修蹄时需要将羊保定好，用修蹄刀切削，当看到微血管时立即停止。一旦出血，可用烧烙法止血。修好的蹄，底部应平整，形状方圆，站立端正。变形蹄需经几次修理才能矫正，不可操之过急。舍饲羊每两个月应修蹄 1 次。

3. 运动

经常运动可以促进奶羊的新陈代谢，增强体质，提高抗病力，增进食欲，促进消化和吸收，从而有利于生长发育和提高产奶量。

哺乳期羔羊加强运动，可使其吃奶多，消化吸收好，还可以增进机体的代谢水平，增强健康，防止拉稀，有利于提高羔羊的成活率和断奶重。青年羊加强运动，有助于骨骼的发育，充足的运动是培育青年羊的一个重要方面；运动充足的青年羊，胸部开阔，心脏、肺脏发育好，消化器官发达，体格高大，乳用型明显。奶羊在怀孕前期加强运动，可以促进胎儿的生长发育；怀孕后期坚持运动，可防止乳房水肿和难产；产后及时运动，可以促进子宫提前复位。高产羊坚持运动，可以增强心肌机能，减少心脏病的发生。种公羊加强运动，则性欲旺盛，受胎率提高。

无放牧条件的羊群可进行驱赶运动，每天不少于 1 小时。羔羊自由运动时最好是在高低不平的土丘上进行。农村舍饲奶山羊，其羔羊不宜拴系过早，青年羊、成年羊要牵引运动或创造放牧条件,但运动量不宜过大,驱赶运动不得超过 2 小时,严寒、大风沙和炎热的天气,要减少运动量或不进行驱赶运动和放牧。

四、提高产奶量的方法

(一) 奶山羊的产奶性能测算

1. 个体产奶量的计算

(1) 年度产奶量:指从每年 1 月 1 日起至 12 月 31 日止,全年累计个体产奶量。这种方法主要用于生产经营管理统计。

(2) 一个泌乳期产奶量:指从母羊产羔后的第一天起到干奶期为止的累计个体产奶量。这种统计方法要逐日称量挤奶量,认真登记,也可以定期测定(每隔 5 天或 10 天测一次)能准确衡量母羊个体产奶性能。

(3) 305 天校正产奶量:由于母羊产羔胎次和泌乳天数不同,不易比较个体之间产奶量的高低,为此,可将不同胎次、不同泌乳天数的产奶量校正到 1 胎 305 天的产奶量。

2. 乳脂率的测定和计算

(1) 乳脂率测定的方法:常规的乳脂率测定的方法,应是在全泌乳期内,每月测定一次,先计算出各月的乳脂量,再将各月乳脂量之总和除于各月总产奶量,即得平均乳脂率,其计算公式如下:

$$\text{平均乳脂率} = \frac{\sum (F \times M)}{\sum M}$$

式中:$\sum$ 为各月的总和;F 为各月乳脂率;M 为各月产奶量。

由于乳脂率测定工作量较大,生产实践中,难以达到每月测定一次,为此,参照中国黑白花奶牛原北方育种组的经验,提出在一个泌乳期中的第二、第五和第八泌乳月各测一次,并用上式进行计算。

(2) 4%标准乳的计算。为了评定和便于比较不同羊只的产奶性能,应将不同乳脂率的奶校正为 4%乳脂率的标准,计算公式如下:

$$FCM = M(0.4 + 0.15F)$$

式中:FCM 为乳脂率 4%标准奶量;F 为乳脂率;M 为产奶量。

(二) 影响奶山羊产奶量的因素

影响奶山羊产奶量的因素很多,主要因素包括两个方面:一是羊的本身,即遗传因素;二是外界环境,即饲养管理条件。

1. 品种

不同品种,遗传性不同,产奶量不同,奶中的营养成分也有差异。如萨能山羊在世界上产奶量最高,其世界纪录是一个泌乳期产奶 3 432 kg(英国);其次是吐根堡羊、阿尔卑羊和奴比亚羊，世界纪录是 305 天产奶量 2 610.5 kg、2 218.0 kg 和 2 009 kg。

2. 血统

同一品种内，不同公母羊的后代，由于遗传基础不同，产奶量也不同，血统好的羊其雌性后代的泌乳潜力就大。

3. 产奶天数

高产羊的泌乳天数，在 1~3 胎与一般羊差异不显著，4 胎时差异极显著（$p<0.01$），以后各胎次差异均显著（$p<0.05$），说明高产羊代谢机能的下降不明显。

4. 营养水平

母羊产前体重一般比泌乳高峰期高 18%~27%。统计表明，体重增加与产奶量呈正相关（$r=0.416$），这表明营养水平与产奶量的关系极为密切。

5. 初配年龄与产羔月份

初配年龄取决于个体生长发育的程度，而个体发育又受饲养管理条件的影响。山东省栖霞市红旗畜牧场以 10 月龄体重 35 kg 以上的母羊配种，1 胎平均产奶量 786.19 kg，比全市平均产奶量高 128.73 kg。产羔月份对产奶量也有一定影响，根据西北农林科技大学的资料，3 胎母羊一月份产羔的产奶量平均为 1 045.1 kg，二月份产羔的为 1 057.6 kg，三月份产羔的为 1 018.7 kg，四月份产羔的为 927.0 kg。

6. 其他

另外，疾病、气候、应激、发情、产前挤奶等原因，也都会影响产奶量。

（三）提高奶山羊产奶量的方法

1. 要培育良种

选用目前国内产奶量高的莎能奶山羊良种，采取与当地奶山羊进行杂交改良和不断提纯复壮，以防止品种退化和近亲繁殖。每隔几年就要与外地调换种公羊，对繁殖的后代要及时做好选优淘劣。

2. 要坚持以草为主

羊是反刍草食家畜，应以草为主，营养不足部分可用精饲料进行补充，应多喂些奶山羊喜食的含蛋白质、营养成分丰富的优质粗饲料，如地瓜秧、花生秧、刺槐叶和优质青干草等，同时每日还要喂给一定量的青绿多汁饲料。

3. 要科学配制饲料

混合精饲料和一般玉米占 50%、麸皮占 30%、豆饼占 20%，另外在每百千克混合料中加入食盐 3 kg，骨粉 2 kg。

4. 要实行交替变更饲料饲养法

此法就是用增加饲喂优质干草和多汁饲料量及交替变更精饲料量来提高奶羊的产奶量，即每隔一定天数，定期改变饲养水平和饲料特性，通过这种周期性的刺激，来提高奶山羊的食欲，促进泌乳量增加。

5. 要供给充足、新鲜、洁净的饮水

水对奶羊的健康和泌乳有直接影响，一只奶山羊每日需水量约占体重的 10%～12%，因此，对奶山羊一定要供给充足的饮水，以满足机体消耗和泌乳的需要。

6. 要制定科学的饲喂方法

饲养人员要做到"三定"，即给羊定时喂料、定时饮水、定时挤奶，使产奶羊形成一定的条件反射，以充分发挥泌乳羊的产奶性能。

7. 要增加光照

近年来，通过大量试验证明，奶羊增加光照时间对提高产奶有明显的效果。一只产奶羊，每日光照时间延长 16 小时后，可比不增加光照时间的羊提高日增重 8%，产奶量提高 10% 以上。

8. 要采取科学的挤奶技术

科学的挤奶技术对提高产奶量非常有帮助。如在挤奶前，先要用温水擦洗和按摩乳房，挤奶时采用双手拳握压挤法，切忌单手滑挤法。

9. 要控制羊舍适宜的温湿度

夏季要注意做好羊舍防暑降温，舍内有条件的可安装电风扇，使舍温不超过 30 ℃，湿度不超过 65%～70%。冬季要注意做好羊舍的防寒保暖，门窗要加盖塑料布或草帘，使舍内温度达到 8 ℃ 以上，湿度一般控制在 55% 左右。

10. 要搞好疫病防治

奶山羊易患乳房炎，所以每次挤奶时必须将奶挤净，防止残留乳汁诱发乳房炎。对发现乳房红肿、挤不出乳等症状的羊只，要及时进行治疗，同时，对羊的体外寄生虫应及时用药物进行防治。

课后练习

一、名词解释

1. 真皮层
2. 表皮层
3. 被毛
4. 净毛率
5. 回潮率
6. 含水率
7. 胴体重
8. 胴体净肉率
9. 眼肌面积
10. 年度产奶量

11. 乳脂率

二、选择题（多选题）

1. 羊毛由（　　）构成。
   A. 毛干　　　　B. 毛根　　　　C. 毛球　　　　D. 毛囊

2. 羊毛纤维的类型包括（　　）。
   A. 无髓毛　　　B. 有髓毛　　　C. 两型毛　　　D. 刺毛

3. 二级羊的个体编号在（　　）。
   A. 耳尖　　　　　　　　　　　B. 耳下缘剪一个切口
   C. 耳上缘剪一个切口　　　　　D. 耳下缘剪两个切口

4. 某一只山羊在2021年1月1日配种，它会在（　　）产下后代。
   A. 6月1日　　　B. 4月1日　　　C. 5月1日　　　D. 7月1日

5. 幼年羊的乳齿数是（　　）。
   A. 20　　　　　B. 32　　　　　C. 22　　　　　D. 25

三、简答题

1. 简述毛用羊日常管理技术要点。
2. 简述肉用羊的育肥模式。
3. 阐述如何提高奶山羊的产奶量。

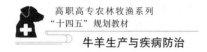

【拓展阅读】

刘润军，一个土生土长的农村人，也是当地的穷人。但刘润军人穷志不穷，一直在思考选择什么产业来发展经济尽快脱贫致富。头脑灵活的刘润军经过多方面的考察论证，决定走养羊之路。想起来简单，真正办成一件事很难。首先是资金问题，要选优质羊品种，规模也得上去，这需要一笔不菲的资金。经过细致的调研，刘润军专门跑了几趟县畜牧局，决定贷款10万元购买绒小羊。目标确定好，心中有了计划，刘润军开始付诸实施。2012年春，他多次到镇信用社咨询，抓住县农综办驻村帮扶的机遇，依托镇和县农综办的牵线搭桥，刘润军很快办通了10万元的低息贷款。有了资金做后盾，刘润军购买了200只绒山羊，修建了羊圈，真正发起了羊"财"。养羊要和羊朝夕相处，摸索养羊的窍门，攻克群羊管理、疫病防治的难题，才能使羊健康生长。养羊最怕的是群灾群病。为了攻克疫病的问题，在日常放羊过程中他投入了大量热情和精力。到县畜牧局、镇兽医站请教。多次邀请养殖专家到村授课，刘润军场场不误，而且还现场提问探讨有关问题。刘润军白天带着干粮放羊，晚上挑灯学习养羊知识，边学习、边实践、边摸索，发现羊群的生活规律，总结一些养殖经验。现在一些普通的羊病，刘润军自己就可以动手配药医治。

天道酬勤，经过几年的努力，他自己整理出了一套羊"经"。羊群的规模稳步扩大，由原来的20只，到现在存栏252只，连续几年每年新增50多只，每年出售几十只。他粗略地算了一笔账，新生的52只羔羊，长大后上市，除去防疫、饲养等费用，至少能收入二三万元。他已经向镇信用社还了贷款6万元，对今后的生活刘润军充满了信心。

脱贫致富的刘润军，并没有停下脚步。他在不停地思考，发展产业，一定要上规模、创品牌，靠单打独斗肯定成不了事。当地畜牧资源丰富，但有的农户捧着饭碗讨饭吃，刘润军看在眼里，急在心上。能不能动员其他农户发展养殖业，走共同富裕的路子呢？况且所处地区环境优良，空气清新，水草丰富，羊肉肉质鲜嫩，应该把这种品牌优势打出去。带着这些问题，他主动向村党支部提出自己的想法，得到村党支部大力的扶持。同时，他向村帮扶工作队汇报了这些想法，县农综办也完全同意。有了思路，刘润军利用闲暇时间，向有养羊意愿的农户宣传发展养殖在脱贫攻坚中的重要性，帮助有意向的村民购买优种羊，并力尽所能把自己所学的养羊知识传授给其他养羊户。在刘润军的带领引导下，目前，楼坊坪村养羊产业方兴未艾，全村共有养羊户50户，占全村农户的三分之一以上，年存栏1 500只，养羊业成了全村经济发展的支柱产业。刘润军靠自己的努力实现了个人致富，同时也帮助群众改变落后的思想，带动周围的群众致富。

第三部分

牛羊疾病防治专题

专题一 牛羊场卫生防疫

一、牛羊场防疫措施

(一) 疫病预防措施

1. 场址的选择与规划要合理

牛羊场正确选址及合理布局是预防和控制各类传染性疾病的重要前提。新建场址应选择在地势平坦、背风向阳、排水良好、水源充足、无污染且未发生过传染病的地方，场区周围应设绿化隔离带。从疫病防控的角度考虑，特别是针对口蹄疫等烈性传染病，牛羊场应远离交通干线和居民区 1 km 以上，距离其他饲养场 1.5 km 以上，距离屠宰场、畜产品加工厂、垃圾及污水处理厂 2 km 以上。

场内应规划好管理和生活区、生产和饲养区、生产辅助区、畜粪堆贮处理区和病牛羊隔离区，各区应相互隔离，其间距不少于 50 m。运送饲料和鲜乳的道路与装运粪污的道路应分开，并尽可能避免交叉。管理区和生产区应设在上风向，其间应有消毒间和消毒池。牛羊舍地面、墙壁应选用便于清洗消毒的材料，以利于彻底消毒，并应具备良好的粪尿排出系统。排污应遵循减量化、无害化和资源化的原则。

2. 搞好环境卫生

(1) 创造良好的饲养环境。牛羊舍要求阳光充足、通风良好、冬天保暖、夏天防暑、排水通畅，舍内温度 10 ℃ ~ 15 ℃，相对湿度 40% ~ 70% 为宜，运动场干燥。平时要及时清除粪便等污物，保持圈舍、运动场卫生，粪便应堆积发酵，以杀灭部分病原体。

(2) 保持奶牛乳房卫生。保持牛床卫生和乳房清洁，每次挤奶前要清洗乳房。

(3) 保持肢蹄健康。每天坚持清理蹄部，保持清洁卫生，定期进行蹄浴。保持运动场等活动场地平整、干燥、清洁。

(4) 灭鼠、杀虫、防兽。老鼠、蝇、蚊和其他吸血昆虫是病原体的宿主和携带者，能传播寄生虫病和多种传染病。应当认真开展杀虫、灭鼠工作，同时禁止犬、猫等动物进入生产区。

3. 严格执行消毒制度

（1）预防性消毒。

① 环境消毒。牛羊场周围及场内污水池、蓄粪池、下水道出口等设施每月用漂白粉消毒1次。场大门口应设消毒池，一切人员、车辆进出门口时，必须从消毒池通过。消毒池的长度为4.0 m以上、深度30 cm以上，使用2%氢氧化钠溶液消毒，每周更换消毒液2~3次，可视情况决定消毒液的更换频率。牛羊舍周围及运动场每周用2%氢氧化钠或生石灰消毒1次。牛羊粪采取堆积发酵处理，堆积处每周用2%~4%氢氧化钠消毒1次。

② 人员消毒。禁止外来人员进入生产区参观。工作人员进入生产区，要更换清洁过的工作服和鞋、帽；手臂用肥皂洗净后，浸于洗必泰或新洁尔灭等消毒液内3~5分钟，再用清水冲洗后擦干；站立于消毒室内进行熏蒸消毒；穿上生产区的水靴或其他专用鞋，后再脚踏消毒池内消毒后才能进入生产区。工作服和鞋、帽应定期清洗、更换，且不准穿出生产区。清洗后的工作服晒干后，须进行消毒20分钟。

③ 圈舍消毒。圈舍入口设消毒池，使用2%氢氧化钠溶液消毒，原则上每天更换消毒液1次。每年春秋两季，用0.1%~0.3%过氧乙酸溶液或1.5%~2%氢氧化钠溶液对圈舍进行1次全面彻底消毒；床位和食槽每月消毒1~2次。每次产犊前要对产房进行消毒。

圈舍消毒先用3%~5%氢氧化钠溶液等进行1次喷洒消毒，可加用杀虫剂，以杀灭寄生虫和蚊蝇等。24小时后用高压水枪冲洗，干燥后再用新洁尔灭喷雾消毒1次。为了提高消毒效果，一般要求使用2种以上不同类型的消毒药进行至少3次消毒，喷雾消毒要使消毒对象表面湿润挂水珠。对排风扇、通风口、天花板、横梁、吊架、墙壁等部位的积垢进行清扫，清除所有垫料、粪肥，清除的污物集中处理。清扫后，用喷雾器或高压水枪由上到下、由内向外冲洗干净。对较脏的地方，可先进行人工清理，要注意对角落、缝隙、设施背面的冲洗，做到不留死角。喂料器和饮水器、供热及通风设施、圈舍等特殊设备清洗和消毒很难彻底，必须完全清除残料、粪便、皮屑等有机物，再用压力泵冲洗消毒。圈舍消毒后空置5~6天才能进入牛羊。

④ 用具消毒。出入养殖场及圈舍的车辆、工具，可采用消毒药喷洒消毒。饲喂用具、料槽、饲料车等定期消毒，可用0.1%新洁尔灭或0.2%~0.5%过氧乙酸溶液。

⑤ 带群消毒。在不转移牛羊的情况下，对牛羊群、圈舍及用具等消毒，可选用0.3%过氧乙酸、0.1%次氯酸钠、新洁尔灭、百毒杀等。用高压动力喷雾器或背负式手摇喷雾器，将喷头高举空中，喷嘴向上以画圆圈方式先内后外逐步喷洒，使药液呈雾状缓慢下落。要喷到墙壁、屋顶、地面，以均匀湿润和牛羊体表湿润为宜，不得直接喷淋畜体，雾粒直径应控制在80~120 μm，同时与通风换气措施相配合。

无论采用何种消毒方式，要根据生产实践，结合养殖场防控疫病的需要，选择适当的消毒液。一般情况下，牛羊舍内可用3%~5%漂白粉液消毒，运动场清除表层土后用 10%~20% 漂白粉液，围栏可用 15%~20% 石灰乳涂刷消毒。常用消毒药物如表 3-1-1 所示。

表 3-1-1 常用消毒药物表

品种	类别	常用浓度	pH 值	适宜温度/℃	使用范围
过氧乙酸	氧化剂	0.05%~0.1%	3	15~25	喷雾、熏蒸
氢氧化钠	碱	1%~5%	—	20	环境喷洒
甲醛	醛	5%~10%	6	20~25	环境喷洒、熏蒸
二氯异氰尿酸钠	卤素	1:800	6	20~25	喷雾、环境喷洒
三氯异氰尿酸钠	卤素	1:800	6	25	喷雾、环境喷洒

（2）紧急消毒。

发生动物疫情时应采取紧急消毒。先对圈舍内外进行消毒后，再清理和清洗，将畜舍内的污物、粪便、垫料、剩料、病死畜、被扑杀畜及其产品等所有物品进行无害化处理。无害化处理可以选择深埋、焚烧等方法，饲料、粪便也可以堆积密封发酵处理。畜舍墙壁、地面，特别是屋顶木架等，用消毒液进行喷雾或喷洒消毒。对金属设备可采取火焰消毒。对所有可能被污染的运输车辆、道路应严格消毒，车辆内外所有角落和缝隙都要用消毒液消毒，再用清水冲洗，不留死角。车辆上的物品也要做好消毒。

参加疫病防控的工作人员，所穿戴的工作服、鞋、帽，使用的器械等都要进行严格的消毒，消毒方法可采用消毒液浸泡、喷洒、洗涤等。消毒过程中所产生的污水应作无害化处理。

4. 预防接种

根据《中华人民共和国动物防疫法》及相关法规的规定，结合本地区发生传染病的种类、季节、流行规律，牛羊的生产、饲养、管理和流动等情况，按需要制定相应的免疫程序及具体的预防接种计划，适时进行预防接种。

（1）口蹄疫免疫接种。

① 常规免疫程序。

犊牛羊：出生后 3~4 个月首免，颈部深部肌肉注射牛羊 O-Asia I 型口蹄疫双价灭活苗 2 mL/头；首免 1 个月后，进行二免（方法、剂量同首免），以后每间隔 4 个月接种 1 次，肌肉注射牛羊 O-Asia I 型双价灭活苗 4 mL/头。

生产母牛羊：分娩前 2 个月肌肉注射牛羊 O-Asia I 型双价灭活苗 4 mL/头。

种公牛羊：每年接种牛羊 O-Asia I 型双价灭活苗，每隔 4 个月免疫 1 次，肌肉注射 4 mL/头。

② 紧急免疫接种。

发生疫情时，要对疫区、受威胁区域的全部易感动物进行 1 次强化免疫。

（2）布鲁氏菌病免疫接种。

布鲁氏菌病阳性率高于 1% 的奶牛场，可定为布鲁氏菌病污染牛场。这类牛场要实施免疫接种、监测、隔离淘汰布病牛,做好消毒、无害化处理及生物安全防护。免疫预防用布鲁氏菌病 S19 或 S2 疫苗,对 3~8 个月犊牛进行接种。若对成年牛进行免疫预防,剂量应为犊牛的 1/10,禁止妊娠牛接种疫苗。

5. 疫情监测

(1) 结核病、副结核病、布氏杆菌病检疫。每年春、秋季各进行 1 次检疫,发现阳性、可疑反应的奶牛要按规定及时处理。

(2) 隐性乳房炎监测。泌乳牛每年 1、3、6、7、8、9、11 月份,干奶前 10 天和前 3 天进行隐性乳房炎监测(乳汁体细胞计数或乳房炎诊断液),发现阳性反应,要及时治疗。

(3) 代谢病的监测。

① 代谢抽样试验(MPT):每季度随机抽 30~50 头奶牛血样,测定血中尿氮含量、血钙、血磷、血糖、血红蛋白等生化指标,观测牛群的代谢状况。

② 尿 pH 值和酮体的测定:产前 1 周至分娩后 2 个月内,隔日测定尿 pH 值和酮体 1 次,对测出阳性或可疑牛只及时治疗,并观察牛群状况。

6. 物流管理

有效的物流管理可以切断病原微生物的传播,控制疫病的发生和流行。主要管理措施包括以下几个方面:

(1) 养殖场内畜群、物品要按照规定的通道和流向流通,严格执行人员操作规范。任何人不准带食物入场,更不能将生肉及含肉制品的食物带入场内;场内技术员不得到其他养殖场进行技术服务;养殖场工作人员不得在家自行饲养口蹄疫病毒易感偶蹄动物;饲养人员各负其责,一律不准串舍,不互相借用工具;不得使用国家禁止的饲料、饲料添加剂及兽药,严格落实休药期规定。

(2) 养殖场应坚持自繁自养,必须从外场引进种畜时,要确认产地为非疫区,引进后隔离饲养 14 天,进行观察、检疫、监测、免疫,确认为健康后方可并群饲养。

(3) 动物出场时要对畜群的免疫情况进行检查并做临床观察,无任何传染病、寄生虫病症状迹象和伤残情况方可出场,严格禁止带病畜出场;运输工具及装载器具经消毒处理后,才可以出场。

(4) 杜绝同外界业务人员的近距离接触,杜绝使用经营商送上门的原料。养殖场应采购由农业农村部颁发生产许可证的饲料生产企业生产的饲料和饲料添加剂。

(5) 限制采购人员进入生产区,购回的物品交付其他工作人员存放、消毒方可入场使用。

(6) 所有废弃物进行无害化处理达标后才能排放。病畜尸体、皮毛的处理按《病死畜禽和病害畜禽产品无害化处理管理办法》的规定执行。

（二）扑灭措施

1. 疫情报告

当发生传染病或疑似传染病时，应根据《中华人民共和国动物防疫法》及时采取有效措施进行控制和扑灭。驻场兽医应及时诊断，并立即报告当地动物防疫检疫机构。特别是可疑为口蹄疫、炭疽、牛流行热等重要传染病时，一定要迅速将发病的详细情况向上级部门报告。

2. 及早诊断

诊断常用的方法有：病史调查、临床检查、病理剖检和实验室检验等。

3. 迅速隔离

发现病牛应立即报告兽医人员，并迅速将病牛和疑似病牛（与病牛同群未见症状的牛）隔离开来。其目的是控制传染源，以便将疫情控制在最小的范围内就地扑灭。

4. 封锁牛场

发生某些重要传染病时，要对牛场进行封闭，迅速控制疫情并集中力量就地扑灭，防止疫病向安全区散播，保护其他地区的动物安全和人体健康。

5. 紧急接种

在发生传染病时，为了迅速控制和扑灭传染病，应对疫区和受威胁区尚未发病的牛使用免疫血清、疫（菌）苗进行紧急接种。在疫区应用疫苗进行紧急接种时，只能对正常无病的牛进行接种。急性传染病一般潜伏期较短，牛接种疫苗后会很快产生抵抗力，从而降低发病率，控制传染病流行。

6. 治疗和淘汰

当认为无法治愈，或治疗时间很长且费用很高，或患病牛对周围有严重的传染威胁时，为了防止疫病蔓延扩散，应在严密的消毒条件下将病牛进行淘汰处理。

治疗原则：治疗和预防相结合；必须在严密封锁或隔离条件下进行，并且必须及早进行，既要针对病原体消除病因，又要增强病牛抗病能力，使其恢复生理功能。

7. 病死畜的处理方法

（1）化制法。尸体在特设的加工厂中加工处理，不但能够消毒，而且可以加工利用。

（2）掩埋法。应选择干燥，平坦，远离住宅、道路、水源、牧场及河流的偏僻地点，尸体掩埋深度在 2 m 以上。此法简便易行，但不是彻底的处理方法。

（3）焚烧法。此种方法最彻底，适合于处理特别危险的传染病尸体，如炭疽等。禁止在地面焚烧，应在焚尸炉中进行。

二、牛羊场环境污染控制

（一）粪污的处理与利用

粪污处理系统包括粪尿的收集、输送、存储、后续处理、还田。各种粪污处理系统都存在自身的优缺点，在选择粪污处理系统时需要考虑牛羊场养殖模式、规模大小、卧床垫料、所在地的农田耕作措施、周边水源和环境以及未来扩展等因素。

1. 生产沼气

利用厌氧细菌（主要是甲烷菌），对牛羊粪尿等有机物进行厌氧发酵产生沼气，可杀死病原微生物和寄生虫卵，发酵的残渣又可做肥料，因而生产沼气既能合理利用牛羊粪尿，又能防止环境污染。沼气池形式主要有三种：全混罐体式、地下或半地下推流式和覆膜式沼气池。沼气工程工艺流程如图 3-1-1 所示。

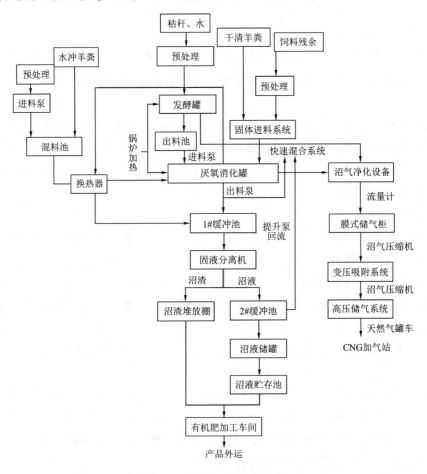

图 3-1-1　沼气工程工艺流程

2. 堆肥发酵处理

牛羊粪污的堆肥发酵处理是利用微生物的活动来分解粪中的有机成分，可以有效提高有机物质的利用率。在发酵过程中形成的特殊理化环境，可以杀灭粪中的病原体。堆肥发酵 42 天，期间翻抛 6 次，固体含水率降至 30% 以下，灭菌率达 90% 以上，可以作为有机肥料或牛床垫料。主要方法有充氧动态发酵、堆肥处理、堆肥药物处理等，其中堆肥处理方法最简单，无须专用设备，处理费用低。现代堆肥法是根据堆肥原理，利用发酵设备为微生物活动提供必要条件，可以提高效率 10 倍以上，堆制时间最快可缩短到 6 天。

3. 固液分离

通过分离器或沉淀池，将粪尿污水进行固体与液体分离，其中，固体作为有机肥还田或作为食用菌（如蘑菇等）的培养基，也可以作为牛床垫料，液体则进入厌氧发酵池，通过微生物—植物—动物—菌藻的多层生态净化系统，使污水污物得以净化。净化的水达到国家排放标准，可排放到江河，或直接回收用于冲刷牛羊舍等。固液分离通常采用机械、格栅和重力的方式，国内生产的固液分离设备每小时可处理几十吨，国外生产的设备每小时可处理 200 t 以上。

(二) 有害气体的净化与利用

牛羊的排泄物、皮肤分泌物、黏附于皮肤的污物、呼出气体等，以及粪污在堆放过程中有机物腐败分解，会产生大量难闻的气体，造成了牛羊场特有的臭味。生产中必须采取措施防止粪便产生臭气或防止臭气散发，降低环境污染。常见的减少或防止臭气的方法如下：

1. 吸附或吸收法

吸附或吸收法是指通过向粪便或牛羊舍内投放吸附剂来减少臭味的散发。常见的吸附剂有沸石、膨润土、海泡石、凹凸棒石、蛭石、硅藻土、活性炭、泥炭、硫酸亚铁、薄荷油、锯末、腐植酸钠、蒿属植物等。其中，沸石类能很好地吸附氨和水分，抑制氨的产生和挥发，降低畜舍臭味。

2. 化学除臭法

化学除臭法是指向牛羊舍内喷洒一些化学除臭剂，通过化学反应把有味的化合物转化成无味或较少气味的化合物。一些氧化剂除可以减少气味外，还能起到杀菌消毒的作用。常用的化学氧化剂有高锰酸钾、重铬酸钾、硝酸钾、双氧水、次氯酸盐和臭氧等，其中以高锰酸钾的除臭效果相对较好。

3. 生物除臭法

生物除臭法是指利用生物除臭剂控制微生物的生长，减少有味气体的产生。常见的生物除臭剂包括生物助长剂和生物抑制剂。生物助长剂利用活的细菌培养基、酶或其他微生物等，加快动物粪便降解过程中有味气体的生物降解过程，减少有味气体的产生。生物抑制剂是通过抑制某些微生物的生长，以控制或阻止有机物质的降解，进而控制气味的产生。

4. 洗涤法

洗涤法是指使污染气体与含有化学试剂的溶液接触，通过化学反应或吸附作用去除有味气体的方法。洗涤实际上是一种化学氧化方法，洗涤效果取决于氧化剂的浓度、种类、气体的黏度和可溶性、雾滴大小和速度等。常见的洗涤方式有喷雾洗涤和叠板式洗涤两种。喷雾洗涤的洗涤液被雾化成许多微小的雾滴，雾滴喷洒到被污染的空气中，将带有气味的化合物氧化而除去；叠板式洗涤是指洗涤液流过一个叠放在一起的铝（钢）板表面时，会形成薄薄的一层水膜，有味气体从底部向上流过水膜表面时即被氧化和吸收。洗涤法特别适用于水溶性高、浓度低、流量大的带有气味的气体的去除，但不适于高浓度的气体，因为高浓度的气体需要更多的洗涤液，会增加处理成本。此外，特定的洗涤剂只能去除特定的气体，而臭气一般是由多种有味气体组成的混合物。因此，要取得较好的除臭效果，常需要多个洗涤器串联使用。

5. 场界植林带

在养殖场周围种植绿色植被，可以降低风速，防止气味传播到更远的距离，减少臭气污染的范围。防护林还可降低环境温度，减少气味的产生与挥发。树叶可直接吸收、过滤含有气味的气体和尘粒，从而减轻空气中的气味。树木通过光合作用吸收空气中的二氧化碳，释放出氧气，可明显降低空气中二氧化碳浓度，改善空气质量。

课后练习

简述牛羊场疾病预防的控制措施。

专题二
牛羊常见疾病防治

一、牛肺疫

牛肺疫又名传染性胸膜肺炎，是牛胸膜肺炎状支原体所引起的一种接触性传染病。病牛或带菌牛是主要传染源，病原体随呼吸和呼吸道分泌物排出体外，污染饲料、饮水，经消化道或生殖道传染。牛肺疫的临床特征为浆液性纤维肺炎和胸膜炎，多为慢性和隐性传染，是发病率和死亡都较高和一种传染病。

（一）临床症状

潜伏期一般2~4周，最长可达四个月。按病情不同分为急性、亚急性和慢性型。急性型体温升高40 ℃~42 ℃，呈稽留热，呼吸困难，呈腹式呼吸。病牛不愿卧下，常有带痛的短咳，有时流出浆液性或脓性鼻液。肺部听诊，肺泡音减弱或消失，能听到各音和胸膜摩擦音。病畜反刍，瘤胃弛缓，泌乳量下降，结膜发绀。亚急性型症状比急性型稍轻。慢性型病牛消瘦，消化功能紊乱，咳嗽疼痛，最后窒息而发生死亡。

（二）病理变化

肺充血，呈鲜红色或紫红色，病灶出血水肿。肺实质可见到同时期的肝变，呈现红色与灰白色相间的大理石样病变。肺间质水肿、增宽，呈灰白色。胸腔内积有黄色混浊液体。

（三）诊断要点

病畜呈稽留热、咳嗽、肺部有啰音。肺部出现大理石样病理变化，胸腔积有混浊液体。

（四）预防与治疗

为了确保非疫区安全，不准从疫区引进动物。

治疗：发现牛肺疫应及早隔离治疗。治疗方法为：① 用青霉素进行肌肉注射，一般大牛 100~300 IU，小牛 50~150 IU；也可用肌肉注射磺胺噻唑钠溶液 100~150 mL/头，一天2次；② 中药治疗：黄连、黄芩、知母、白术、白芍、厚朴、白芷各 40 g，五味子、贝母、阿胶、泽泻、云苓各 25 g，火麻仁 13 g 为引，研末开水灌服，每天1剂，连灌服3剂。

二、牛流行热

牛流行热又名"三日热",是由牛流行性热病毒引起的一种急性、热性传染病。本病多经呼吸道、吸血昆虫叮咬或与病畜接触进行传播。多发生于雨量多和气候炎热的6~9月份。其特征为突然高热、呼吸和消化器官有严重卡他性炎症,以及运动障碍。病势猛,多为良性经过,无继发病时死亡率约为1%~3%。

(一)临床症状

突然发病,体温40 ℃~42 ℃。稽留3天,故称"三日热";皮温不均,阵发性肌肉震颤,精神高度沉郁,鼻干燥,食欲减退或废绝,反刍停止;眼结膜潮红,肿胀流泪;鼻腔多见浆液性分泌物;病畜不愿站立,强迫行步,步态不稳,肌肉和关节疼痛;呼吸困难,多呈腹式呼吸,流涎呈残状。

(二)病理变化

病畜气管和支气管黏膜充血和点状出血、肿胀,并含有大量泡沫状液。肺显著肿大,有不同程度的水肿和间质气肿。

(三)诊断要点

该病多发生于6~9月份,突然高热,气管和支气管黏膜肿胀,有泡沫状黏液;肺肿大。

(四)预防与治疗

本病目前尚无有效疫苗,主要是在夏秋季节注意防暑,保持圈舍清洁卫生,消灭吸血昆虫等。如发病,按以下方法治疗:

一般高热时可肌肉注射复方氨基比林20~40 mL或30%安乃近20~30 mL;对重症牛,常用青霉素100~200 IU,链霉素1 g,葡萄糖生理盐水适量,林格氏液1 000~3 000 mL和安钠加2~5 g,维生素B_1 100~500 mg/次和维生素C 24 g/次等药物一起静脉注射,每天2次。尽量减少灌药以免引起异物性肺炎。对四肢关节疼痛者,可静脉注射水杨酸钠溶液。

三、牛恶性卡他性热

恶性卡他热是由牛恶性卡他热病毒引起的一种急性热性传染病。本病以2~4岁的牛多见,羊发病少见。绵羊是带菌者,病牛和带菌牛是主要的传播源。该病一年四季均可发生,但冬季和早春发病率最高,其特征是上呼吸道及消化道黏膜发生卡他性炎症,角膜混浊和神经症状。本病发病率和死亡率高。

(一)临床症状

病牛最初高热,体温41 ℃~42 ℃,稽留热;肌肉震颤,寒战,食欲减退,精神委顿,被毛松乱,食欲和反刍减少,饮欲增加,瘤胃弛缓,泌乳量下降,心搏动和呼吸加快;鼻镜干燥,眼睑肿胀,流泪,眼结膜充血,角膜混浊,鼻孔流出黏液性或脓性分泌物；口腔黏膜充血，坏死或糜烂，出臭味唾液；脑膜发炎，昏睡；腹泻，粪便呈水样恶臭，混有黏液。

（二）病理变化

眼、鼻、口、咽和皮肤发生病变，全身淋巴结肿大充血、出血；真胃和肠黏膜充血、出血，糜烂和溃疡；脾轻度肿大，肝、肾、心发生严重变性。

（三）诊断要点

持续高热，眼黏膜变化，角膜混浊，肿腹，溃疡；全身淋巴结肿大和神经症状，腹泻，粪便恶臭。

（四）预防与治疗

本病目前尚无有效防治方法，因绵羊有传播本病的可能，所以，禁止牛羊同群放牧和同圈饲养，发病后可按如下方法治疗：天牧双骄粉针和注射用链霉素，每次按体重1 IU/kg，肌肉注射，每天2次。同时使用败血康，每头每次10～40 mL，肌肉注射，每天2次。

四、羊快疫

羊快疫是由腐败梭菌引起的一种急性、致死性传染病，不同品种的羊均可感染，以1岁以内、膘情好的多发。发病季节多在初春和秋末。其特征是很快死亡，真胃和十二指肠出血水肿和坏死，呈散发或地方性流行。

（一）临床症状

突然发生，往往不出现临床症状，急性死亡；病程稍长的病羊离群独处，卧地，不愿走动，强迫行走时，运动失调；腹部膨胀，有疼痛感，排出黑色稀粪；磨牙；体温一般正常，饮食欲废绝，发病后通常数分钟至数小时痉挛而死，很少有延长一天以上的病例。

（二）病理变化

尸体迅速腐败，膨胀，剖开有恶臭，天然孔流出血样液体，可视黏膜充血呈蓝紫色；胸腹腔及心包积液，心内外膜有出血点；肝肿大，呈土黄色；真胃和十二指肠出血水肿和坏死。

（三）诊断要点

羊快疫由于病程短，缺乏特征病状，要结合流行病学和病理解剖变化综合判定。

（四）预防与治疗

由于病程短，来不及治疗，所以应注射羊快疫—猝疽—肠毒血症三联苗进行预防。对病死羊应深埋，对用具、圈舍用20%漂白粉或3%烧碱液消毒。

对病程稍长的病例，可进行抗菌消炎、输液、强心等治疗。

五、羔羊痢疾

羔羊痢疾主要是 B 型产气荚膜杆菌引起初生羔羊的急性肠道传染病。本病发生于 7 天以内，以 2~3 天发病最多。病羔是主要传染源，病原随粪便排出，污染羊圈、用具、母羊体表和乳头，健康羔羊经消化道、脐带或伤口传染。其特征是剧烈腹泻和神经症状，死亡率很高，给羊业带来严重的危害。

（一）临床症状

潜伏期 1~2 天。病初，羔羊精神委顿，垂头弓背，不吮乳。不久后，发生腹泻，粪便呈粥样或水样，颜色呈灰白色、黄色或黄绿色，恶臭。到了后期，病羔虚弱脱水，眼球下陷，被毛粗乱，卧地不起而发生死亡。

（二）病理变化

真胃内有未消化的凝乳块，小肠充血、发红、溃疡，肠系膜淋巴结肿大、充血。心包积液，心内膜有出血点，肺充血或瘀血。

（三）诊断要点

7 日龄以内羔羊下痢，很快死亡，即可诊断为羔羊痢疾。

（四）预防与治疗

（1）搞好圈舍清洁卫生，做好羔羊的防寒保暖，防止受凉。吃足初奶并合理哺乳，防止饥饱不均。圈舍和用具可用 5%~10% 漂白粉溶液或 10%~20% 石灰乳喷洒消毒。

（2）神针 999 注射液，每头每次 3~5 mL，肌肉注射，每天 2 次。

（3）肠炎宁注射液，每头每次 3~5 mL，肌肉注射，每天 2 次。

六、蓝舌病

蓝舌病是反刍动物的一种病毒性传染病，不分品种、年龄，均容易感染。该病由各种库蠓传播，多发生于夏季和早秋季节。其特征是发热，口腔、鼻腔和胃肠黏膜发生溃疡性炎症。病程为 6~14 天，发病率为 30%~40%。死亡率为 2%~30%，有时高达 90%，多因并发肺炎或胃肠炎而死亡。

（一）临床症状

潜伏期为 3~8 天，体温升高。厌食、精神委顿，落后于羊群；口流涎，上唇水肿，口腔黏膜充血后发绀；口腔唇、齿龈、颊、舌黏膜糜烂，致使吞咽困难，口腔来恶臭；鼻流黏液性分泌物，鼻腔周围结成干痂，阻塞空气流通，引起呼吸困难，和鼾声；病畜喜卧，不愿走动，强迫行走，出现跛行或用膝行走；消瘦无力，有的便秘或腹泻，粪中带血，多并发肺炎和胃肠炎。

（二）病理变化

主要见于口、瘤胃、心、肌肉、皮肤和蹄部。口腔糜烂出现深红色区，舌、齿龈、硬腭、颊黏膜和唇水肿，舌发绀，故称蓝舌病。瘤胃有暗红色区，皮下和肌肉出血，心肌、心内外膜、呼吸道、消化道和泌尿道黏膜有小点出血。

（三）诊断要点

根据口和唇肿胀糜烂，舌发绀，跛行等病理变化即可作出诊断。

（四）预防与治疗

（1）用鸡胚化弱毒疫苗和牛胎肾细胞致弱的组织苗进行预接种。对圈舍定期进行消毒，杀灭血吸虫，防止本病的传播。

（2）用天牧双骄粉针和注射用硫酸链霉素 1 IU/kg，败血康每头每次 10~40 mL，分别肌肉注射，每天 2 次。

七、前胃弛缓

前胃弛缓是前神经肌肉的兴奋性降低，肌肉收缩力减弱，瘤胃内容物运转缓慢，菌群失调，异常发酵引起的一种消化不良综合征。其临床特征为厌食，瘤胃蠕动力减弱，反刍减少。本病牛羊易感，特别是舍饲的牛羊发病率较高，严重影响牛羊的生长发育和生产力，给养牛（羊）业带来极大的危害。

（一）临床症状

急性前胃弛缓，患畜精神沉郁，食欲减少或废绝，反刍减少甚至停止，咀嚼无力，嗳气增多，瘤蠕动减弱；体温、脉搏、呼吸一般正常。慢性的病畜，逐渐消瘦，全身衰弱无力，被毛粗乱，鼻镜干燥，便秘与腹泻交替发生，最后因衰竭而死。

（二）病理变化

瘤胃和瓣胃胀满，皱胃下垂，内容物干燥。瘤胃和瓣胃黏膜有出血斑。

（三）诊断要点

病畜食欲减退，反刍异常，前胃蠕动减弱，消化功能发生障碍，精神沉郁，鼻镜干燥。

（四）预防与治疗

预防上，要加强饲喂管理，注意饲料保管和饲料的多样化，不要随意更换饲料。治疗上，可用清热健胃散，牛每头每次 50~100 g，羊每头每次 20~50 g，拌入饲料中口服或灌服。

八、瘤胃臌气

瘤胃臌气又称气胀，是因过量食入易发酵的饲草而引起的疾病。本病多发生在夏秋牧草旺盛季节，特别是放牧的家畜容易发生本病。

（一）临床症状

本病多发生在采食过程中或采食后突然发病。发病后，腹部急剧臌大，肷窝部突出，按压腹壁紧张而富有弹性，叩诊呈鼓音，听诊瘤胃蠕动音消失；病畜精神沉郁，食欲减退，反刍、嗳气停止。腹痛病畜起卧不安，后肢踢腹，拱背摇尾；呼吸困难，结膜发绀，心跳加快，站立不稳，最后倒地不起，窒息而死。

（二）病理变化

瘤胃黏膜有出血斑，角化上皮脱落。肺充血，肝和脾脏被压迫呈贫血状态，浆膜下出血。

（三）诊断要点

病畜大量采食易发酵的饲料，采食中或采食后突然发病，瘤胃鼓胀，呼吸困难。

（四）预防与治疗

（1）注意饲草保管，防止发霉变质。饲料注意合理搭配，防止饥饿和过食。

（2）为排出气体，可将舌拉出或在口腔内含一个木棒，促进胃中气体排出。

（3）用鸡鸭血直接灌服，防止继续发酵。

（4）土烟叶 0.5 kg，煎水 1 L，灌服，阻止继续发酵。

九、胃肠炎

胃肠炎是畜禽常见多发性疾病，主要是胃肠黏膜及其肌层组织的炎症。由于胃和肠的解剖结构和生理功能紧密相关，胃或肠的器质性损伤和机能紊乱，容易相互影响，因此，胃和肠的炎症多同时发生或相继发生。

（一）临床症状

病畜精神沉郁，饮欲增加，食欲废绝；可视黏膜充血并发黄；口腔干燥，气味恶臭，舌面皱缩。腹痛，喜卧回头顾腹；马、猪、犬病初出现呕吐；腹泻，粪便呈水样，混有黏液或未消化的饲料，恶臭；肛门松弛，排粪失禁，呈现里急后重；病畜急剧脱水，眼球下陷，腹部卷缩；呼吸浅表，心脏搏动加快；最后因脱水，心力衰竭而发生死亡。

（二）病理变化

肠内容物混有血液，恶臭；粘黏出血，水肿，组织坏死和脱落，遗留下烂斑和溃疡。

（三）诊断要点

根据全身症状，食欲紊乱，腹泻和粪便中的病理性产物即可做出诊断。

（四）预防与治疗

（1）加强饲养营养，保持圈舍清洁卫生。注意饲料的保管和调配，防止用霉变饲料饲喂家畜家禽。

（2）泻痢停散，每头每次 10～40 g，拌入饲料中饲喂或灌服。

（3）鸣牌止痢王注射液或消肿解毒王注射液，每头牛每次 10～40 mL，肌肉注射，每天 2 次。

十、肝片吸虫病

肝片吸虫是牛、羊最主要的寄生虫之一,人和其他畜禽均能感染。肝片吸虫体扁平,外呈叶片状,从胆管中取出时呈棕红色。本病能引起急性或慢性肝炎和胆囊炎,并发生全身性中毒现象和营养不良,尤其对幼畜危害相对严重,会导致发育不良或引起大批死亡。

(一)临床症状

夏末和秋季发病率较高。病初体温升高,精神沉郁,食欲下降或废绝;继而可视黏膜苍白,严重贫血,逐渐消瘦,生长发育弛缓,病畜被毛粗乱,眼睑、胸腹水肿;之后腹泻,粪便呈粥样,或便秘和腹泻交替发生,病畜极度衰竭而发生死亡。

(二)病理变化

肠壁和肝组织损伤,肝肿大,肝包膜上有纤维素沉积,引起慢性胆囊炎、慢性肝炎和贫血。

(三)诊断要点

根据临床症状、流行病学特点、粪便及剖解等综合进行判定。

(四)预防与治疗

(1) 注意动物饮水和饲草卫生,定期对圈舍消毒和对动物进行驱虫。

(2) 硫双二氯酚,按 1 kg 体重牛 40~60 mg。

十一、羊黑疫

羊黑疫又称传染性坏死性肝炎,是羊的一种急性、高度致死性疾病。病的特征是肝实质有坏死病灶,皮肤呈暗黑色外观。

(一)临床症状

绝大多数病羊突然死亡,少数可拖延 1~2 天,表现为掉群、不吃食、精神沉郁、反刍停止、呼吸困难、体温升高到 41.5 ℃,昏睡俯卧后死亡。

(二)病理变化

羊皮外观呈暗黑色;肝脏表面和深层有数目不等的灰黄色坏死灶,周围有一鲜红色的充血带围绕,坏死灶直径可达 2~3 cm。胸腔、腹腔、心包有积液。

(三)诊断要点

绵羊和山羊都可感染,2~4 岁的绵羊多发,发病多为营养良好的肥胖羊。肝片吸虫的寄生能诱发本病,所以本病的发生多在肝片吸虫流行的低洼、潮湿地区,春夏多发。根据肝片吸虫流行地区发现急性死亡或昏睡状态下死亡的病羊,剖检时可见特殊的肝脏坏死变化,根据皮肤暗黑色外观可做出初步诊断,确诊要进行实验室检查。

(四)预防与治疗

预防的关键在于防止肝片吸虫的感染。在常发区,应将羊群转移到高燥地区放牧，以羊快疫、肠毒血症、猝疽、羔羊痢疾、黑疫五联苗进行预防注射，可减少发病。尸体要烧毁，防止芽孢扩散。

十二、口蹄疫

口蹄疫是偶蹄动物的一种急性、热性、传染性极强的传染病。病的特征是在口腔黏膜、蹄部和乳房等部位出现水泡。

（一）临床症状

病羊体温升高到 40 ℃~41 ℃，精神沉郁，食欲减少，反刍减少或停止；舌面、唇和齿龈出现水疱，有时乳房也出现水疱，病羊流涎，水泡破裂后体温恢复正常；在口腔出现水泡的同时或稍后，病羊蹄部趾间、蹄冠出现水疱，病羊跛行，水泡很快破溃，出现糜烂，若护理不当可出现化脓和坏死，严重的蹄壳脱落，甚至引起死亡。

（二）病理变化

特征性病变是心包膜有出血点，心肌松软，似煮肉状，切面呈灰白色或淡黄色的斑点或条纹，俗称"虎斑心"。

（三）诊断要点

本病主要侵害偶蹄兽，病畜是主要传染源，通过污染的畜产品、饲料、草场、饮水、饲养管理的用具和交通工具传播，主要通过消化道、呼吸道和黏膜感染。口蹄疫传染性很强，一旦发生往往呈流行性。本病在寒冷季节多发。

根据流行特点和典型症状可作出初步诊断。发病时必须迅速采集病料送检，以确诊和鉴定病毒毒型。送检病料采取舌面、蹄部的水疱皮或水泡液，数量 10 g 左右，水疱皮装入盛有 50%甘油生理盐水的消毒瓶中，水泡液用消毒过的注射器抽取，装入消毒试管或小瓶中。

（四）预防与治疗

发生疫情后，应立即向当地动物防疫监督机构报告，划定疫点、疫区，按"早、快、严、小"的原则，及时严格封锁、隔离、急宰、消毒。被病羊污染的场所和用具用2%烧碱溶液、0.5%过氧乙酸溶液、4%碳酸钠溶液、1%~2%的甲醛溶液消毒。对受威胁区的易感家畜用同型疫苗进行紧急预防接种，在最后一头病羊康复或扑杀后14 天，经大消毒后可解除封锁。

十三、羊痘

羊痘是由病毒引起的一种急性、热性传染病。该病的特征是有典型的病程，在病羊皮肤和黏膜上形成特殊的痘疹。

（一）临床症状

绵羊痘疹多数发生于皮肤无毛或少毛部分，如眼的周围、唇、鼻翼、四肢和尾的内侧；山羊痘疹大多数发生在乳房皮肤和乳头上，开始为红斑，1~2 天形成丘疹，凸出于皮肤表面，5~7天变成灰白水泡，此时病羊体温下降，水泡逐渐变成脓包，最后形成棕色痂皮，脱痂后康复。

非典型病例不出现典型症状，形成丘疹后不再出现其他变化。有的病羊病情严重，痘疹密集，互相融合连成一片，皮肤坏死，全身症状严重；有的病羊痘疱内出血。

（二）病理变化

发痘前，病羊体温升高到41 ℃~42 ℃，精神沉郁，眼结膜潮红，鼻孔流出黏性鼻汁，呼吸、脉搏增快，经1~4天后出现痘疹。

（三）诊断要点

绵羊痘是各种家畜痘病中最为严重的传染病之一，流行初期是个别羊发病，以后逐渐蔓延全群，呈地方流行性或流行性。山羊痘较少发生，通常只侵害个别羊群，病势比绵羊痘轻；羔羊比老龄羊敏感，死亡率高，怀孕母羊可引起流产。本病主要通过呼吸道感染，饲养人员，用具、毛皮产品、饲料、垫草和外寄生虫，都可成为传播的媒介。本病主要在冬末春初流行。

（四）预防与治疗

（1）预防。在羊痘常发地区，每年定期用羊痘鸡胚化弱毒疫苗按规定稀释，大小绵羊一律尾内或股内侧皮下注射0.5 mL，免疫期一年；山羊痘弱毒疫苗可用于山羊和绵羊，皮下注射0.5~1 mL，免疫期一年。

（2）扑灭措施。发生羊痘时，应立即上报疫情，将病羊隔离，封锁疫区。羊舍及用具用2%烧碱、3%~5%福尔马林或10%漂白粉消毒。

（3）治疗。在隔离条件下进行，皮肤上痘疱涂碘酊或紫药水，黏膜病灶用0.1%高锰酸钾冲洗后，涂碘甘油或紫药水。

十四、布氏杆菌病

布氏杆菌病是一种人畜共患的慢性传染病，主要危害生殖器官。该病的特征是怀孕母畜发生流产、胎衣不下、生殖器官及胎膜发炎，公畜表现为睾丸炎。

（一）临床症状

绵羊和山羊患病后，一般不表现全身症状，母羊以流产，公羊以睾丸炎为特征。母羊流产多发生在怀孕后期（3~4个月），流产前2~3天表现为食欲减退、精神沉郁，阴门流出黄色黏液或带血分泌物。流产出死胎或弱胎，多数病例在第一次流产后能正常怀孕和分娩，成为不表现症状的带菌者，对健康的人、畜仍有传染性。严重时，山羊流产率可达50%~90%，绵羊流产率可达40%。公羊发生睾丸炎，表现为精神沉郁、食欲减退，局部红、肿、热、痛。

(二) 病理变化

本病的诊断要进行实验室检验。

(三) 诊断要点

自然病例中牛、羊、猪多发，母畜较公畜易感，3个月以内的羔羊有一定的抵抗力。病畜和带菌动物（包括野生动物）是主要传染源，从胎儿、乳汁等排出的病菌污染产房、羊舍、饲料和饮水，通过消化道、皮肤黏膜及生殖道感染。

(四) 预防与治疗

用冻干布氏杆菌羊型5号菌苗，皮下注射1 mL，免疫期一年。

发病时严格隔离病羊，流产胎儿要深埋，污染的羊舍和场地用5%漂白粉、3%来苏水或5%石灰乳进行彻底消毒。

常用消毒药：3%石炭酸、来苏水、臭氧水、5%漂白粉、2%甲醛、5%石灰乳。

十五、中毒性疾病

中毒性疾病是由毒物引起的疾病，称为中毒病。一般毒物可分为生物性毒物和非生物性毒物，生物性毒物包括有毒植物和某些微生物如黄曲霉菌、镰刀菌等所产生的毒素，非生物性毒物包括农药、化学药物及化工副产品等。

(一) 中毒的起因

(1) 误食毒物或毒草。

(2) 饲料保管、调制不当。如霉烂的饲草，发生病害的玉米、甘薯，堆积发热或调制不当的瓜菜等，都能导致动物中毒。

(3) 某些饲料含有有毒成分。如高粱再生苗中含有氰苷配糖体，发芽马铃薯中含有马铃薯素，开花期荞麦中含有叶红质等，这些都是有毒成分。另外，如果采食食盐过多，也能引起中毒。

(4) 临床用药剂量过大。如剧毒药超过极量，体表大面积应用杀虫剂或大剂量投服抗寄生虫药等，也能引起中毒。

(5) 工矿区的废水、废气。如处理不当，会污染空气、饮水和植物，引起中毒。

(二) 中毒的一般症状

(1) 突然大批羊发病，症状相同，健壮且食欲好的发病多，发病快，症状也较严重。

(2) 体温不高或降低，瞳孔散大或缩小。

(3) 出现神经症状。兴奋不安、狂躁、步态不稳、常作游泳姿势，肌肉痉挛强直；或沉郁、嗜睡、甚至麻痹，反应迟钝或消失；眼肌痉挛、眼球震颤、斜视，瞳孔缩小或散大或两侧大小不等；颜面麻痹、歪嘴、唇下垂等。

(4) 消化、泌尿系统症状。食欲减退或不吃食，流涎、吐沫、呕吐、磨牙、下痢；出现血尿、尿蛋白。

（5）心力衰竭，脉搏微弱，眼结膜呈蓝紫色。

(三) 常见的中毒性疾病

1. 氢氰酸中毒

临床特征是发病急促，呼吸困难，伴有肌肉震颤等。

（1）病因：因羊采食过量的亚麻苗、高粱嫩苗、玉米嫩苗、马铃薯嫩苗等而突然发作；当中药处方中杏仁、桃仁、枇杷仁等用量过大时，也可引起发病。

（2）临床症状：本病发病迅速，多在采食含氰苷的饲料后15~20分钟出现症状。首先表现腹痛不安，瘤胃臌气，呼吸加快，口流白色泡沫状唾液；先兴奋，很快转入沉郁状态，随后步态不稳，倒地。病情严重的病例体温下降，后肢麻痹，肌肉痉挛，瞳孔散大，全身反射消失；脉细弱，呼吸浅微，昏迷死亡。

（3）预防与治疗：禁止在含有氰苷作物的地放牧，发病后迅速联合应用亚硝酸钠和硫代硫酸钠进行治疗。先静脉注射亚硝酸钠0.2 g（配成5%溶液），然后再用10%硫代硫酸钠溶液10~20 mL，静脉注射。

2. 有机磷中毒

（1）病因：羊误食了喷洒过农药的农作物、牧草和被农药污染的饲料、水或用有机磷农药驱羊体寄生虫用量过大。常用的有机磷农药有甲胺磷、敌敌畏、敌百虫、乐果等。

（2）临床症状：病羊转圈，磨牙，口吐白沫，瞳孔缩小，肌肉颤动，四肢发硬，呕吐，腹泻。严重病例全身战栗，狂躁不安，呼吸困难，心跳加快，大小便失禁，昏迷死亡。

（3）预防与治疗：严禁到刚喷洒过农药的地方放牧，用有机磷农药如敌百虫等驱虫时，应掌握好剂量，防止中毒。

一旦发生中毒，可用特效解毒药如解磷定、氯磷定等解毒。用量第一次每只羊0.2~1 g，以后减半，配成2%~5%的溶液静脉注射，每隔4~5小时用药一次。及早、足量、反复应用阿托品10~30 mg，皮下注射，每隔1~2小时重复用药一次。有效反应为瞳孔放大，流涎减少，口腔干燥，症状明显减轻或消失。

对严重脱水的病羊，可静脉注射5%葡萄糖氯化钠注射液500~1 000 mL；对心功能差的病羊，使用10%安钠咖注射液静脉注射。

3. 尿素中毒

尿素除可作肥料外，也可作为羊的蛋白质饲料，但食入过多会发生中毒。

（1）病因：尿素喂羊的用量全天为20~30 g，在开始喂时，必须少量饲喂，以后逐步增加，最后达到上述用量。过量饲喂会引起中毒，甚至死亡。

（2）临床症状：羊食入大量尿素后30分钟可出现中毒症状，病初表现为不安，肌肉震颤，步态不稳，随后出现呼吸困难，口鼻流出泡沫状液体，心跳加快达每分钟100次以上；病的后期羊出冷汗，瞳孔散大，肛门松弛。急性中毒的病羊在1~2小时内因窒息死亡,有的病程在 24 小时左右。

（3）预防与治疗：严格控制尿素饲喂量,发现病羊及早治疗。在病初灌服食醋 300~500 mL 或 1%稀醋酸 50~80 mL,同时用 10%葡萄糖酸钙 50~60 mL,25%葡萄糖 200~500 mL,10%硫代硫酸钠 20~30 mL,静脉注射。

课后练习

请举例阐述牛羊常见疾病的诊断要点和防治措施。（举 5 种即可）